電子工作
Hi-Tech
シリーズ

ラジオからアマチュア無線まで！ 拾えなかった微弱電波が丸聴こえ

小型・高感度受信！

オールバンド
室内アンテナの製作

鈴木憲次＋川上春夫［共著］
Kenji Suzuki　Haruo Kawakami

CQ出版社

はじめに

広帯域受信機は，書籍『ワンセグUSBドングルで作るオールバンド・ソフトウェア・ラジオ』で紹介したように，地デジ用のワンセグ・チューナとパソコンで容易に実現できます．広帯域受信機を1台持つと，いろいろな電波の世界をのぞくことが可能になります．しかし，電波を受信するためには，電波をとらえるアンテナが必要です．

理想のアンテナは，広い周波数帯域をカバーする広帯域アンテナ，受信感度がすぐれた高利得アンテナ，どこでも置ける小型アンテナという条件を，すべてを満足させることです．

本書では，理想のアンテナを念頭におき，広帯域受信用の小型アンテナを身近な材料で手作りします．あわせて，広帯域受信機の機能を広げるためのグッズとして，受信感度を上げるプリアンプや短波帯を受信できるコンバータなどの製作についても取り上げています．

アンテナを手作りして実際に受信できたとき，何とも言えない充実感を味あうことができます．さらに，手作りアンテナに自分なりの工夫を加えてみることで，新しいアイデアもわいてきます．

まずは興味を持ったアンテナから取り組んでみましょう．

第1章では，電波とアンテナの基礎的な知識，高周波電力の伝送とインピーダンス・マッチングの関係についてふれ，アンテナと広帯域受信機を接続する同軸ケーブルの特性を説明します．

第2章では，アンテナとワンセグ・チューナの接続に便利なジョイント・ボックスを製作し，さらに受信感度を上げるためのプリアンプの設計・製作をします．

第3章では，小型の広帯域室内アンテナの製作です．ロッド・アンテナを使った各種のアンテナと，マグネチック・ループ・アンテナを製作しています．ベランダなどに設置すれば，受信感度を向上させることもできます．

第4章では，広帯域屋外アンテナの製作です．ホームセンタで入手できるアルミ・パイプと水道用塩ビパイプを材料に製作します．ベランダなどの屋外に設置することを念頭においています．

第5章では，ソフトウェア・ラジオで短波帯受信を可能にするコンバータを製作し，さらに短波帯のループ・アンテナ，バー・アンテナを製作します．また，アンテナ・カップラを製作してインピーダンス・マッチングをとる工夫をします．

そして，第6章と第7章は，川上春夫氏による，広帯域3素子のリング・ループ・アンテナとバッド・ウイング・アンテナに関してを解説しています．

本書では，このように，いろいろなアンテナを紹介しました．ぜひ気に入ったアンテナと周辺機器を手作りし，自分で作ったモノで広帯域受信を楽しんでみましょう．そこには，気持ちの良い達成感が存在するはずでです．

2016年2月　鈴木憲次

CONTENTS

CONTENTS

CONTENTS

[第1章] 電波を扱う大切な素子，アンテナの機能を知る

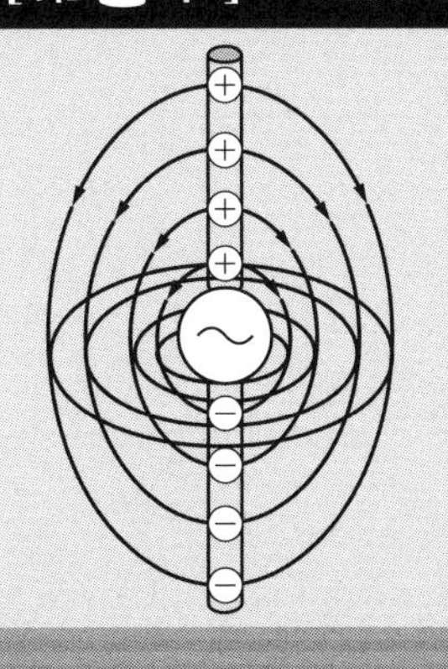

電波とアンテナ

アンテナとは，電気エネルギーを電波に，逆に電波を電気エネルギーに変換する大切な素子です．アンテナ設計に役立つアンテナのしくみを学びます．

1-1 電波とは

ここでは，高周波信号が電波として空間へ放射されるしくみと，空間を伝わる電波について考えてみます．電波法では「300万メガヘルツ以下の周波数の電磁波」を電波としています．

● 電波の発生と放射

導体に電流を流すと，**図1-1**(a)のように，磁界が発生します．このとき発生する磁界の向きは，右ねじを回す方向になることから，アンペアの右ねじの法則と呼びます．発生する磁界の強さは，導体からの距離の二乗に反比例するので，磁界のエネルギーを遠くまで送ることはできません．

次に，図(b)のようにコンデンサに高周波信号を加えてみると，電荷により電界が発生し，変位電流と呼ぶ高周波電流が流れます．変位電流が流れると磁界が発生しますが，変位電流は高周波電流なので磁界の大きさと方向が変化します．次に磁界が変化すると，磁界の向きを妨げる方向に誘導起電力が発生し，

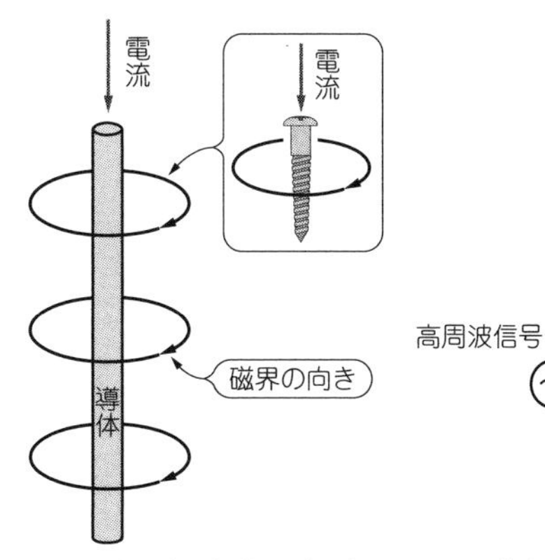

導体に電流を流すと磁界が発生する

(a) 電流と磁界

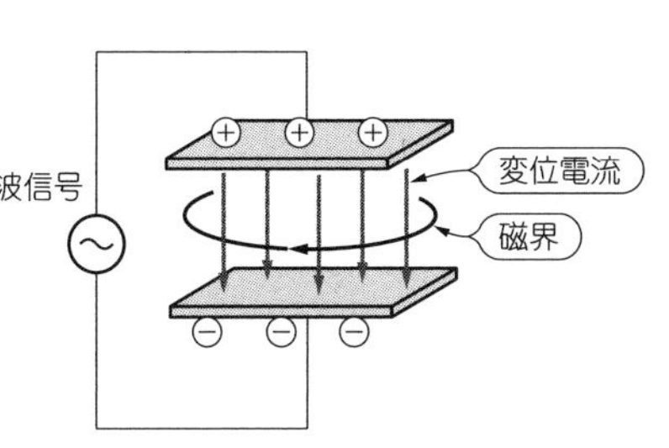

変位電流が流れて磁界が発生する

(b) 電界と磁界

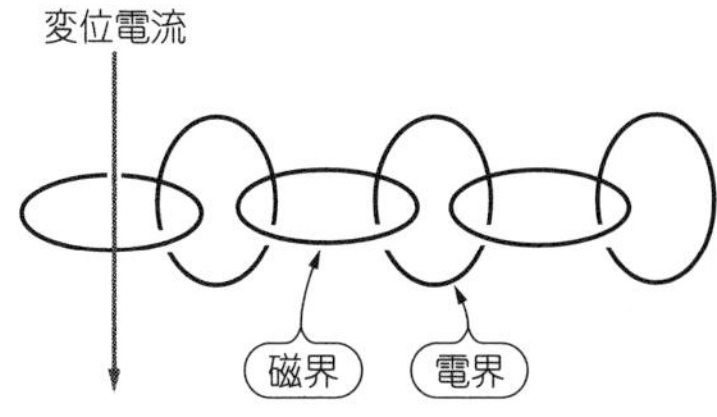

磁界が変化すると誘導起電力が起きる．
磁界→電界→磁界……電波が伝わる．
電波と電磁波は同義語として扱われることが多いが，電波法では「300万MHz以下の電磁波」をとしている．

(c) 電波として伝わるようす

図1-1 電波の発生

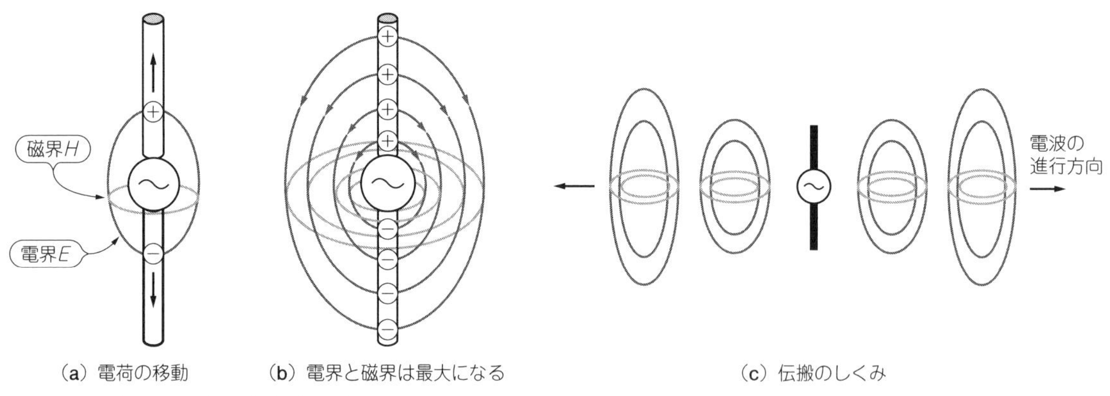

図 1-2　アンテナから電波を放射する

誘導起電力により電界が発生します.

この現象が空間で起きると，図(c)のように，磁界→誘導起電力による電界→磁界……を繰り返して，電波として空間を伝わっていきます．この現象を電波の放射といいます.

● アンテナから電波を放射する

図 1-2 は，アンテナから電波が放射されるようすです．アンテナのエレメントとなる導体に高周波電流を流すと，図(a)のように，エレメント内を電荷が移動します．電荷の移動は電流になるので，磁界 H が発生し，また＋の電荷と－の電荷の間に電界 E が発生します．図(b)の状態で電界と磁界が最大になり，そのあと，電荷の移動方向は反対になります.

このように電界と磁界が発生し，図(c)のように，空間へ電界と磁界が放射されて電波として伝わっていきます.

● 水平偏波と垂直偏波

アンテナから放射した電波の中身は電界と磁界で，**図 1-3** のように，電界と磁界の方向は互いに直角になります．そして図(a)のように，アンテナを大地に対して垂直にすると電界の方向も垂直になるので，このときの電波を垂直偏波といい，図(b)のようにアンテナを水平にしたときには水平偏波といいます.

● 波長と周波数の関係

周波数 f[Hz]の高周波信号を空間に放射したとして，電波の波長 λ [m]を求めてみます.

電波の速度は光の速度 c と同じなので，**図 1-3**(a)から，

$$\lambda = c/f \qquad \text{ただし} \; c = 3\times10^8 \text{m/s}$$

の式で表せます．たとえば，周波数 f = 120MHz の波長 λ を求めると，

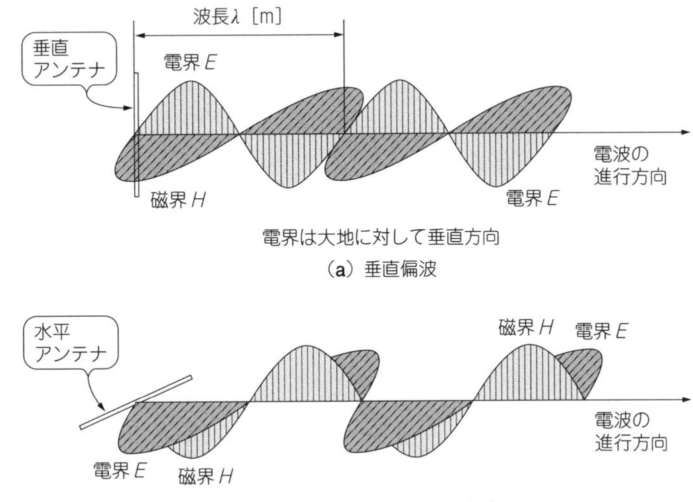

図 1-3
垂直偏波と水平偏波

$$\lambda = 3 \times 10^8 / 120 \times 10^6 = 2.5\text{m}$$

になります．

1-2　高周波で知っておきたいこと

アンテナなどの高周波機器を取り扱うとき，知っておくべき高周波の基本的なことがらを取り上げてみました．高周波の振るまいが見えてきます．

● インピーダンス・マッチングで電力を有効に伝達

高周波で使われる機器，ケーブルやアンテナは，それぞれ固有のインピーダンスをもっており，75Ωまたは50Ωになっています．そして機器とケーブルまたはケーブルとアンテナを接続するときには，インピーダンス・マッチングにより，相互のインピーダンスを合わせるようにします．このようにインピーダンスを合わせることを，「インピーダンス・マッチングをとる」といい，送る側から受け側へ電力を有効に伝達することができます．

図 1-4(a)は，出力インピーダンスr［Ω］の機器に，インピーダンスZ［Ω］の負荷を接続した回路です．信号源から負荷に送られる電力P［W］を求めてみると，

$$P = ZI^2 = Z\left(\frac{V}{Z+r}\right)^2 = \frac{ZV^2}{(Z+r)^2}$$

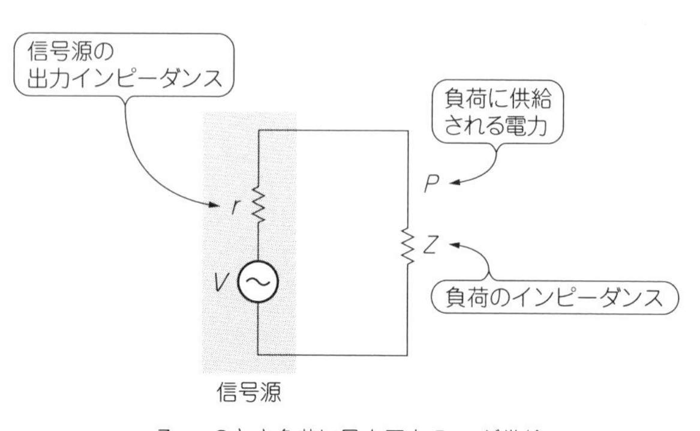

(a) 信号源と負荷のインピーダンス

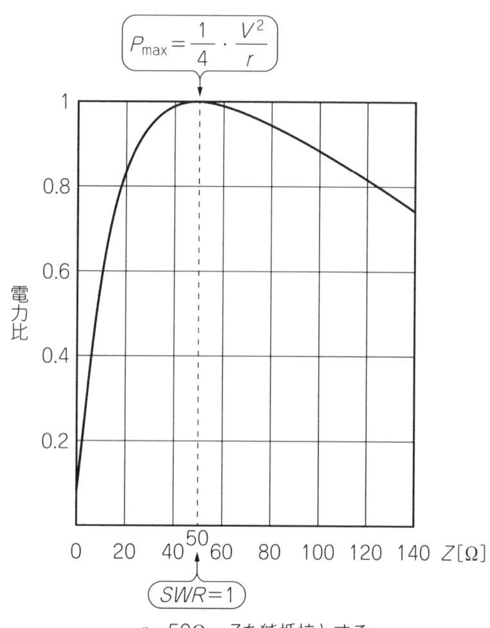

(b) 電力の伝達

図 1-4　インピーダンス・マッチング

になります．

また，$r = 50\Omega$ として，Z を変化したときの電力 P は，図(b)のような曲線になります．図(b)で電力 P が最大になるのは，インピーダンス・マッチングがとれた $Z = r$ のときで，そのときの電力 P_{max} は，

$$P_{max} = \frac{rV^2}{(r + r)^2} = \frac{rV^2}{4r^2} = \frac{1}{4} \cdot \frac{V^2}{r}$$

で表せます．

● 進行波と反射波

ここでは，インピーダンス・マッチングの問題を，伝送路と負荷との間で考えてみます．具体的には，伝送路は同軸ケーブルに，負荷はアンテナになります．ここで伝送路のインピーダンスを Z_o，負荷のインピーダンスを Z とします．

図 1-5(a)は，$Z_o = Z$ なので，インピーダンス・マッチングがとれている状態です．信号源→伝送路→負荷と伝わる信号を進行波と呼び，時間の経過に応じて，$t = 0$ から t =③のように進んでいき，負荷に供給されます．

しかし，インピーダンス・マッチングがとれていないときには，進行波の一部が，負荷→伝送路→信号源のように送り返されます．この送り返される信号を反射波といいます．

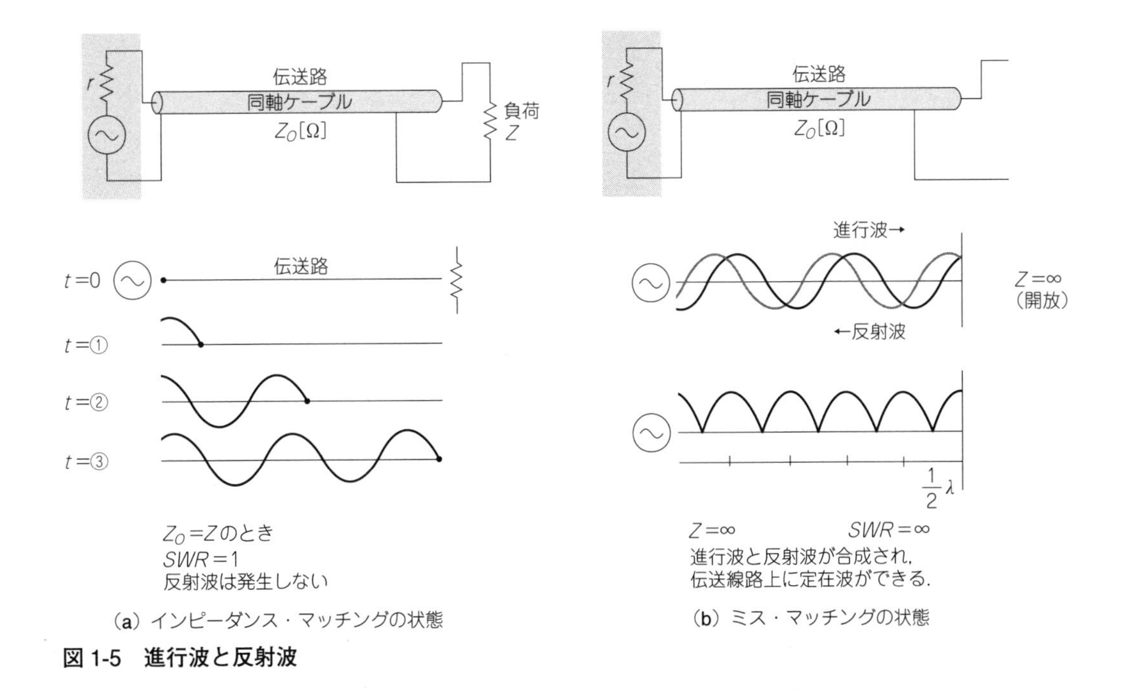

(a) インピーダンス・マッチングの状態

(b) ミス・マッチングの状態

図 1-5　進行波と反射波

図(b)は，負荷 $Z=\infty$(開放)の例です．負荷が接続されていないので，進行波の全部が反射波として戻ってきます．そして伝送路上で，進行波と発射波が合成されて定在波ができます．定在波は時間と伝送路の位置には関係なく発生し，その大きさはインピーダンス・マッチングの状況により変化します．

● 反射係数と SWR

定在波を発生させる進行波と反射波の関係を，反射係数(Reflection coefficient) Γ (ガンマ)で表し，Γ は次のような式で表します．

$$\Gamma = \text{反射波の振幅} / \text{進行波の振幅}$$

また，反射係数 Γ と伝送路のインピーダンス Z_o，負荷のインピーダンス Z の関係は，次のような式で表します．

$$\Gamma = (Z - Z_o)/(Z - Z_o)$$

ところで，定在波の最大値 $V_{\max}$ と，$V_{\min}$ の比を，電圧定在波比 $VSWR$(Voltage standing wave ratio)といい，通常は，SWR として次の式で表します．

$$SWR = V_{\max}/V_{\min}$$

また，SWR と Γ の関係は，次のような式で表します．

$$SWR = (1 + |\Gamma|)/(1 - |\Gamma|)$$

ここで，SWR と Z_o，Z の関係を求めてみると，

$Z_o > Z$ なら，

$$SWR = \frac{Z_o + Z + (Z_o - Z)}{Z_o + Z - (Z_o - Z)} = Z_0/Z$$

$Z_o > Z$ なら，

$$SWR = \frac{Z + Z_o + (Z - Z_o)}{Z + Z_o - (Z - Z_o)} = Z/Z_o$$

のように，インピーダンスの比になります．

Column…1-1 ミスマッチングによる損失

アンテナの製作ではインピーダンス75Ωと50Ωのミスマッチングは許容の範囲としている．そこで，ミスマッチングによる電力損失を確かめるために電力比と利得の計算をしてみる．

$r = 50\Omega$，$Z = 75\Omega$ とすると，

$$SWR = 75/50 = 1.5$$

このときので電力比を求めてみる．

$Z = r = 50\Omega$ のときの電力 P_{max} は，

$$P_{max} = \frac{ZV^2}{(Z+r)^2} = \frac{50V^2}{(50+50)^2} = \frac{1}{200}V^2 = 0.005V^2$$

$Z = 75\Omega$，$r = 50\Omega$ のときの電力 P_{75} は，

$$P_{75} = \frac{75V^2}{(75+50)^2} = 0.0048V^2$$

電力比 P_{75}/P_{max} を求めてみると，

$$P_{75}/P_{max} = 0.0048/0.005 = 0.96$$

電力利得では，

$$G_{P75} = 10\log 0.96 \fallingdotseq -0.18\text{dB}$$

つまり，0.18dB低くなる．

同じように，$SWR = 2$ のときの電力比を求めてみると，

$$P_{100}/P_{max} \fallingdotseq 0.89$$
$$G_{P100} \fallingdotseq -0.51$$

0.51dB低くなる．

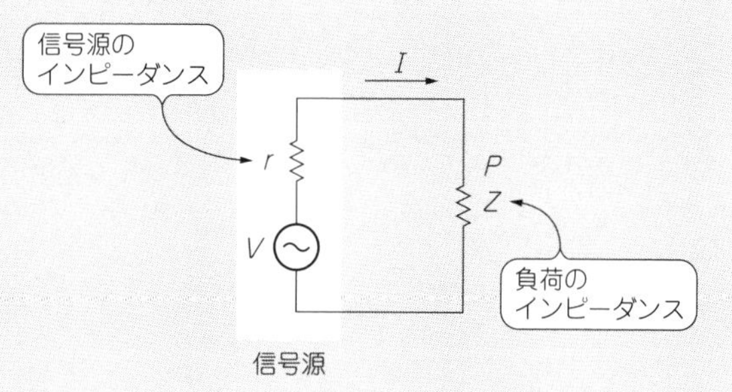

図1-A　ミスマッチングによる電力損失

● 同軸ケーブルの種類

高周波機器やアンテナで信号を送るときには，同軸ケーブルが使われています．その構造は，**図1-6**(a)のように，内部導体を円形の誘電体で覆い，さらに外部導体とシース(保護皮膜)で覆った形状になっています．

同軸ケーブルは表示記号により，図(b)のように，外部導体の内径，特性インピーダンス，誘電体の種

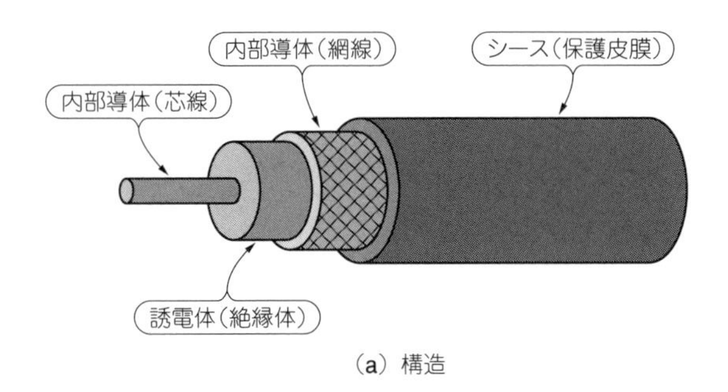

(a) 構造

5	D	-	2	V
外部導体の内径[mm] 1.5, 3, 4, 5, 8, 10など	特性インピーダンス C：75Ω　D：50Ω	−	誘電体の種類 2　：ポリエチレン F　：発泡ポリエチレン HF：高発泡ポリエチレン	外部導体の種類 B：アルミ箔付きプラスチック・テープに導体網線 V：シングル(一重)網線 W：ダブル(一重)網線

表は日本仕様の同軸ケーブルの型番の例で，他にMIL規格のRG型ケーブル型がある．
よく使われる，RG58A/Uの外径は5mmで特性インピーダンスは50Ω

(b) 表示記号の意味

図1-6　同軸ケーブル

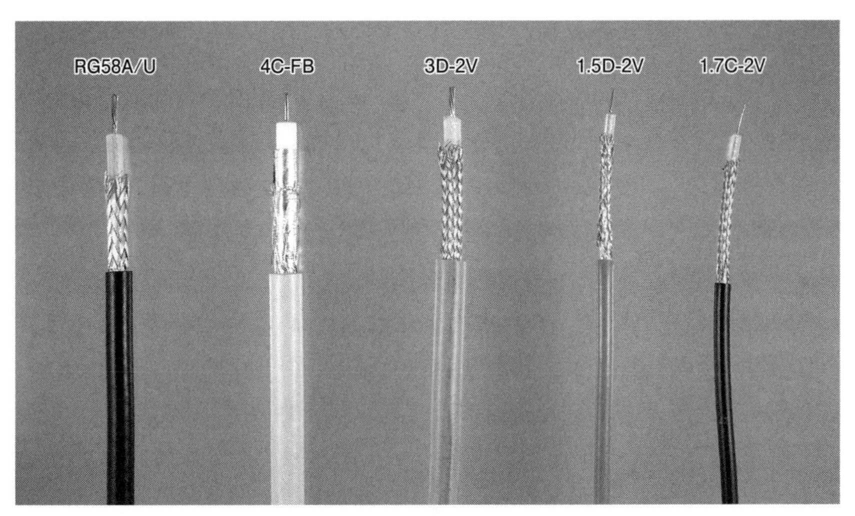

写真1-1　高周波機器やアンテナの製作で使われる同軸ケーブル
主に受信機や受信アンテナに使われる

類などが決められています．たとえば，表示記号が5D-2Vなら，外部導体の内径が5mm，特性インピーダンス50Ω，誘電体はポリエチレン，外部導体はシングルということになります．

このほか，同軸ケーブルには，MIL（Military Standard）で規定した規格のケーブルがあり，よく使われるのは，表示記号がRG58A/Uで，これは外部導体3.6mm，特性インピーダンス50Ω，誘電体はポリエチレンという構造です．

写真1-1は，高周波機器やアンテナの製作のときに使われる同軸ケーブルの例です．一般的に，1.5D-2Vや1.7C-2Vなどの細めのケーブルは機器内の配線に，3D-2V，4C-FBやRG58A/Uなどは，機器から外部のアンテナにかけて使用されます．

[第2章] アンテナとパソコンの接続を簡単に

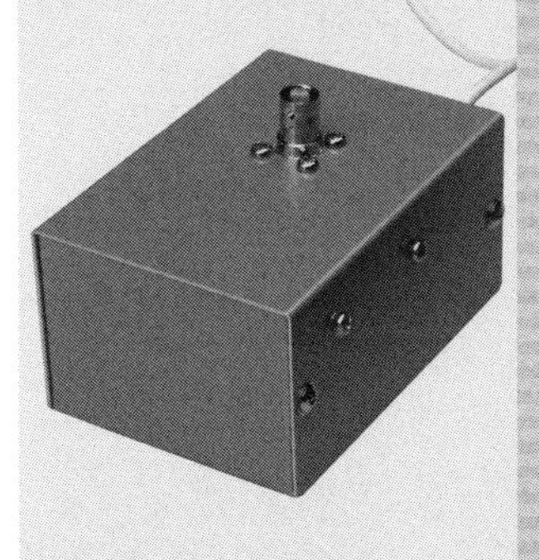

アンテナとパソコンをつなぐジョイント・ボックスの製作

アンテナの基台の役目をするジョイント・ボックスを製作します．ジョイント・ボックス内にUSBドングルと広帯域アンプを内蔵させ，感度アップを図ります．

ソフトウェア・ラジオでは，アンテナをワンセグUSBドングル(Dongle)に，パソコンへはUSBで接続する構成になります．また，アンテナは，形状によっては，「アンテナ＋基台」という組み合わせになるので，アンテナを保持する基台があると便利です．ここでは，**写真2-1**のような室内アンテナ，または屋外アンテナのケーブルを接続できるジョイント・ボックスを製作し，さらに広帯域アンプを内蔵して感度アップする方法も試みます．

2-1　金属ケースでジョイント・ボックスを作る

● 金属ケース内にワンセグUSBトングルを

ジョイント・ボックスは，**図2-1**のように，アルミ・ケースの内側から角形のBNCジャックを取り付けた構造になっています．ワンセグ・チューナのトングルはケースの中に，トングルとパソコンはUSB延長ケーブルで接続します．

写真2-1
製作するジョイント・ボックス
左はUSBドングルを入れたジョイント・ボックスで，右はさらに広帯域アンプも内蔵したジョイント・ボックス

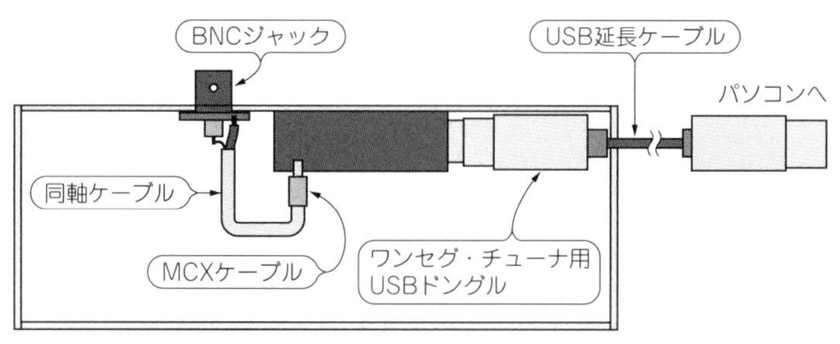

図 2-1 ジョイント・ボックスを作る
ワンセグ・チューナ用のUSBドングルをアルミ・ケースに入れ，ケースに密着して放熱する

表 2-1　ジョイント・ボックスの部品表

品　名	型式・仕様	数量	参考単価(円)	備考(購入先など)
アルミ・ケース	タカチ MB-2	1	460	ワンセグ USB ドングルのサイズで決める
BNC ジャック	角形 4 穴	1	80	秋月電子通商
MCX プラグ付ケーブル (プラグ-プラグ)	カモン MCX-05, ケーブルの長さ 50cm	1	300	千石電商またはネット通販
アルミ・L アングル または アルミ板	10×10mm，長さ 50mm	1	−	厚さ 1mm くらいのアルミ板でも可
USB 延長ケーブル	細型スリムタイプ，長さ 2m	1	100	ダイソー
ラグ端子	3mm 用	2	−	−
ビス・ナット	3mm	6	−	−

他にソフトウェア・ラジオ対応のワンセグ・チューナ用 USB ドングルが必要

● ジョイント・ボックスの製作手順

表 2-1 に，ジョイント・ボックスの製作に必要な部品をリストしました．部品は，電子部品店やホームセンタで購入できます．

それでは，ジョイント・ボックスを製作してみましょう．

▶アルミ・ケースに BNC コネクタと USB ドングルを取り付ける

アルミ・ケースは，ワンセグ・チューナ用 USB ドングルが収まる大きさを目安に選びます．ここでは，タカチ MB-2(W70×H50×D100mm)としました．ケースのカバー(上部)に BNC ジャックをねじ止めし，**写真 2-2** のように USB ドングルを L アングルで押さえて，ケースに密着するようにします．

USB ドングルの電源を長時間 ON にしておくと，発熱して受信感度が低下するので，アルミ・ケースに密着して放熱することにしました．さらに USB ドングルの樹脂ケースに穴を開けておくと，放熱しやすくなります．

▶ USB ドングルに MCX プラグと USB 延長コードを接続する

MCX プラグは，**写真 2-3** のような「MCX プラグ-ケーブル-MCX プラグ」という製品のケーブルの部分を切って使いました．ケーブルの両端にプラグが接続されているタイプなので，めんどうなプラグと同軸ケーブルの接続処理が不要になります．

写真 2-4 のように，ケーブル端を BNC ジャックにはんだ付けし，ケースのシャーシ(下部)に USB 延長ケーブルを通す穴をあけておきます．USB 延長ケーブルは，コネクタ部分がケースに収まるように，細型スリム・タイプを選ぶようにします．

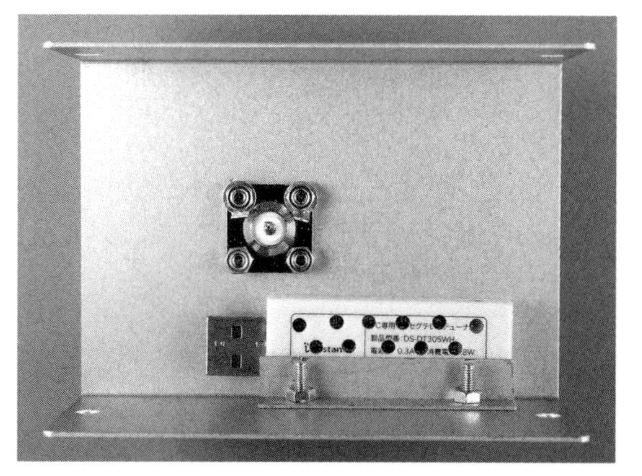

写真 2-2　ケースにBNCとUSBドングルを取り付ける
ケースのカバーに，BNCジャックとワンセグUSBドングルを取り付ける．USBドングルはアルミ・カバーに密着して放熱する

写真 2-3　市販の MCX ケーブル
市販の「MCXプラグ-ケーブル-MCXプラグ」を切って「MCXプラグ-ケーブル」にして使った．めんどうなMCXプラグの接続をしなくて済む

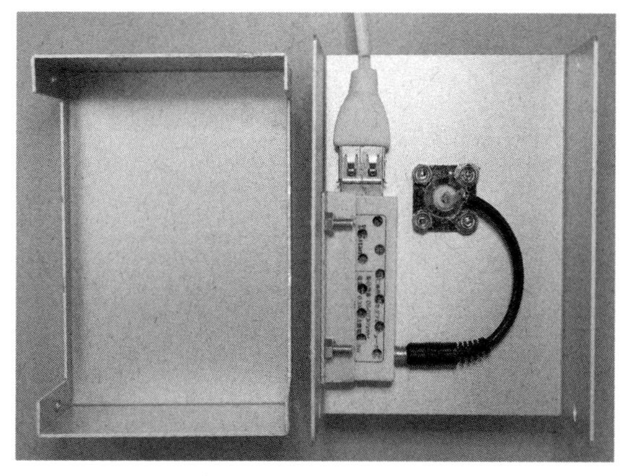

写真 2-4　ケーブルの接続
MCXケーブルをBNCジャックにはんだ付けし，USBドングルにUSB延長ケーブルを接続する

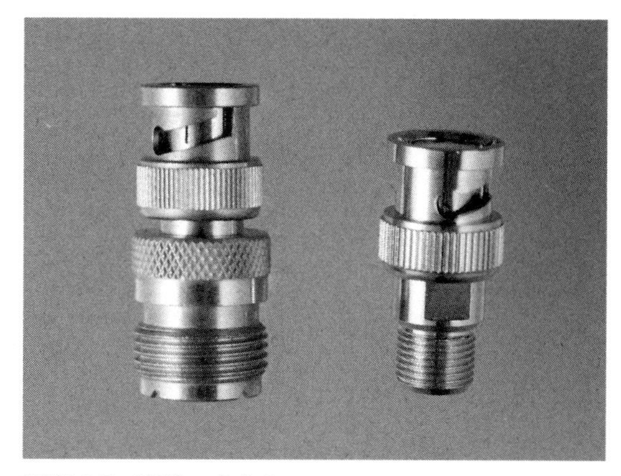

写真 2-5　変換コネクタ
左から，M型J(ジャック)-BNC型P(プラグ)とF型J-BNC型P

● 完成したジョイント・ボックス

完成したジョイント・ボックスにアンテナを直接接続したり，アンテナからの同軸ケーブルを接続して使います．接続するコネクタがM型やF型のときは，**写真 2-5**のような変換コネクタでBNCプラグに変換するようにします．

2-2　ジョイント・ボックス内蔵型広帯域アンプを作る

ワンセグUSBドングルで受信していると，受信感度が不足することがあります．たとえば，遠距離の局の電波を受信しようとすると，電波が弱くて受信できないことがあります．そこで，広帯域アンプをジョイント・ボックスに内蔵して，受信感度を上げてみます．

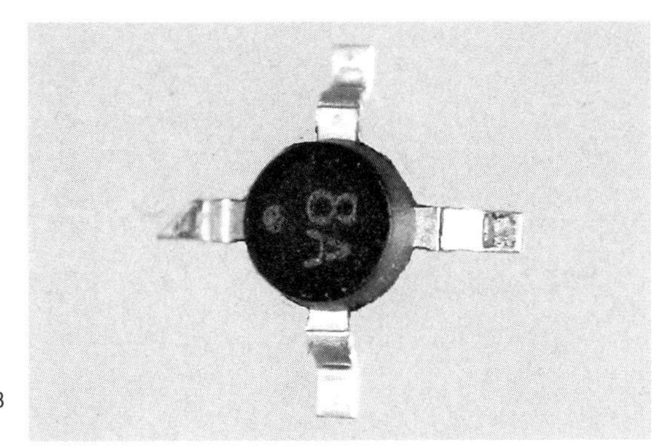

写真 2-6
広帯域アンプ用 IC の MAR-8ASM+
データ・シートに記載の電力利得は，31.5dB (at 100MHz)，25dB (at 1GHz)

表 2-2　広帯域用 IC MAR-8ASM ＋の仕様

動作電圧	回路電圧 V_{cc}	回路電流 I_{cc}	電力利得 G_p	周波数帯域 f	最大出力 P_o	雑音指数 NF	備　考
3.2 ～ 4.2V	7 ～ 15V	36m A	31.5 (at 0.1GHz) ～ 25dB (at 1GHz)	DC ～ 1GHz	＋12.5dBm	3.1dB	同等品 MAR-8A+

● 広帯域アンプ用 IC を選ぶ

広帯域アンプ用の IC として，ミニサーキット社の MAR-8ASM+ を選びました(**写真 2-6**)．MAR-8ASM+ の仕様を，**表 2-2** に示します．周波数帯域は DC ～ 1GHz で，電力利得は周波数 100MHz で 31.5dB，1GHz では 25dB です．また，MAR-8A+ は，MAR-8ASM+ と同等品で，端子の形状だけが違うタイプの IC です．

● 広帯域アンプの設計

図 2-2(a) が，広帯域アンプの回路図です．回路電圧 V_{cc} と，バイアス抵抗 R の値は，図(**b**)から，V_{cc} = 9V とすると，R = 143Ω になるので，近い値の R = 150Ω とします．また，電力利得を調整できるように，可変抵抗器 500Ω を電源との間に入れます．可変抵抗によって電力利得が調整できる範囲は，10dB 程度なので，周波数が 100MHz のときの利得の可変範囲は 21 ～ 31.5dB ほどになります．

● 広帯域アンプの製作手順

図 2-3 が部品取り付け図です．また，**表 2-3** は，製作に必要な部品です．それでは，ジョイント・ボックスに内蔵する広帯域アンプを製作してみましょう．

▶穴あき基板の加工

広帯域アンプは，1GHz の信号を扱うので，両面ガラス・エポキシ基板で片面をグランド面に使ったプリント基板が理想的です．しかし，基板の入手や製作の点から，ガラス・コンポジット穴あき基板を加工して使うことにします．

サイズが 72×47×1.6mm の基板を，1/2 にカットした 36×47mm にして，厚さ 0.1mm の銅板をパターン面に貼り付けて，グランド・パターンします．

▶コンデンサ，抵抗，インダクタの取り付け

高周波では，信号経路になるコンデンサがポイントになるので，0.001μF のコンデンサをチップ・コン

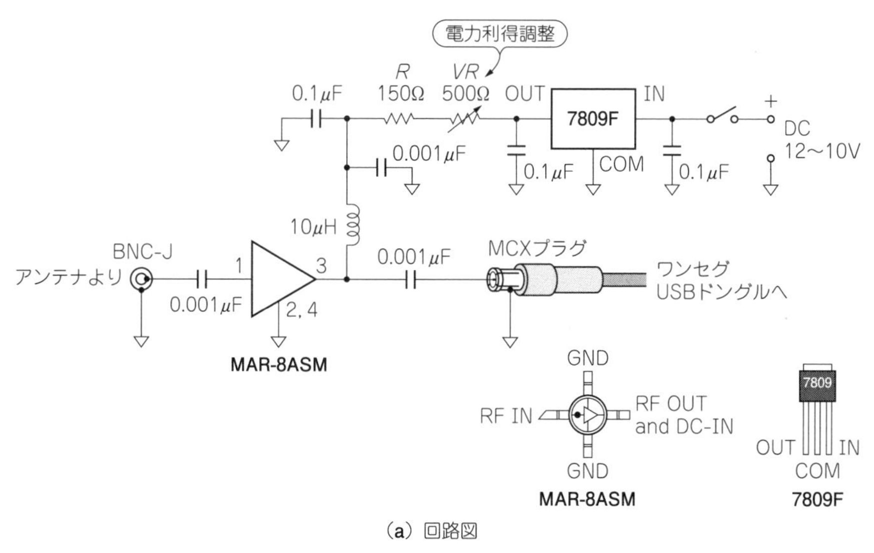

（a）回路図

回路電圧	バイアス抵抗
V_{CC}［V］	R［Ω］
7	88.7
8	118
9	143
10	174
11	200
12	226
13	255
14	280
15	309

（b）回路電圧とバイアス抵抗Rの値

図 2-2　広帯域アンプの回路図

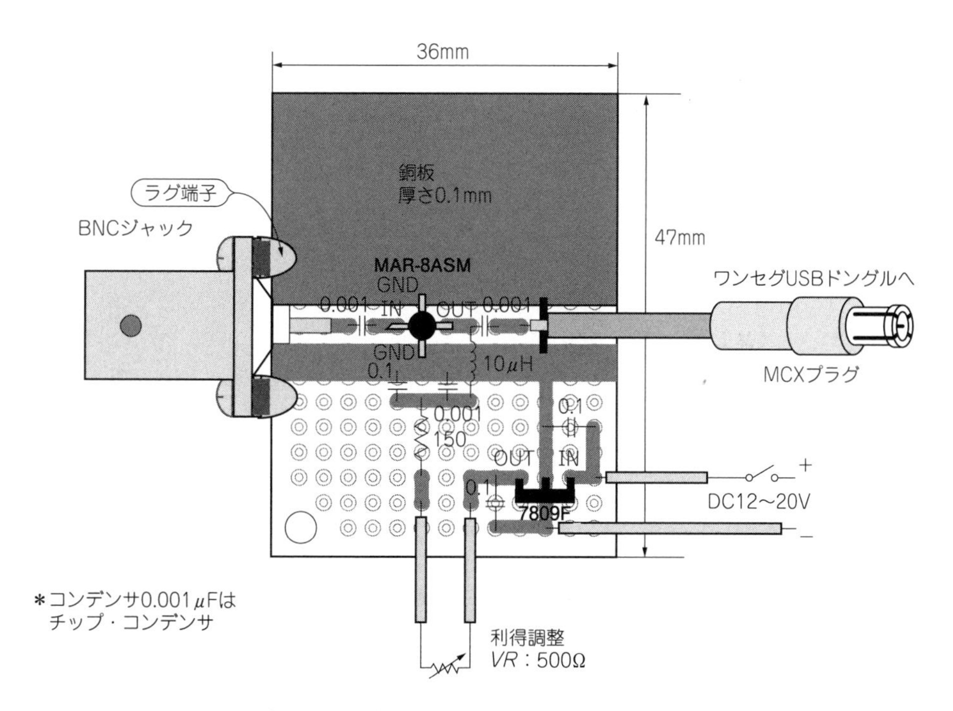

図 2-3
広帯域アンプ部品取り付け図

BNCジャックの芯線は基板に直接はんだ付けし，GND側はBNCジャックにねじ止めしたラグ端子を基板にはんだ付けする．

デンサとしました．チップ・コンデンサを接着剤で基板に固定してから，はんだ付けし，そのあと 0.1μF のコンデンサ，抵抗，マイクロ・インダクタをはんだ付けします．

なおリード・タイプのセラミック・コンデンサを，チップ・コンデンサの代わりにすることもできます

表 2-3　広帯域アンプの部品表

品　名	型式・仕様	数量	参考単価(円)	備考(購入先など)
IC	MAR-8ASM+(ミニサーキット)	1		ミニサーキットヨコハマ
	7809F(東芝)	1	100	7809，78M09でも可
固定抵抗　1/4W	150Ω	1	10	−
チップ・コンデンサ	0.001μF，3.2×1.6mm(3216)	3	20個で100	リード・デバイスでも可，秋月電子通商
積層セラミック・コンデンサ	0.1μF	3	20	−
マイクロ・インダクタ	10μH	1	20	−
可変抵抗器	500Ω	1	40	秋月電子通商
ツマミ	−	1	50	−
MCXプラグ付ケーブル	カモン MCX-05，ケーブル長50cm	1	300	千石電商またはネット通販
BNCジャック	角形	1	80	秋月電子通商
トグル・スイッチ	1回路，ケース取り付け用	1	80	秋月電子通商
DCジャック	ケース取り付け用	1	40	秋月電子通商
穴あき基板	ガラス・コンポジット 72×47×1.6mm	1	60	秋月電子通商
ラグ端子	3mm用	2	−	−
銅板	厚さ0.1mm，40×30mm	1	−	粘着剤付き，ホームセンター

※ 他にAC-DCアダプタ(DC12～20V)，ワンセグ用USBドングル
※ 参考単価は，筆者原稿執筆時のもの．時期や店舗により変動する

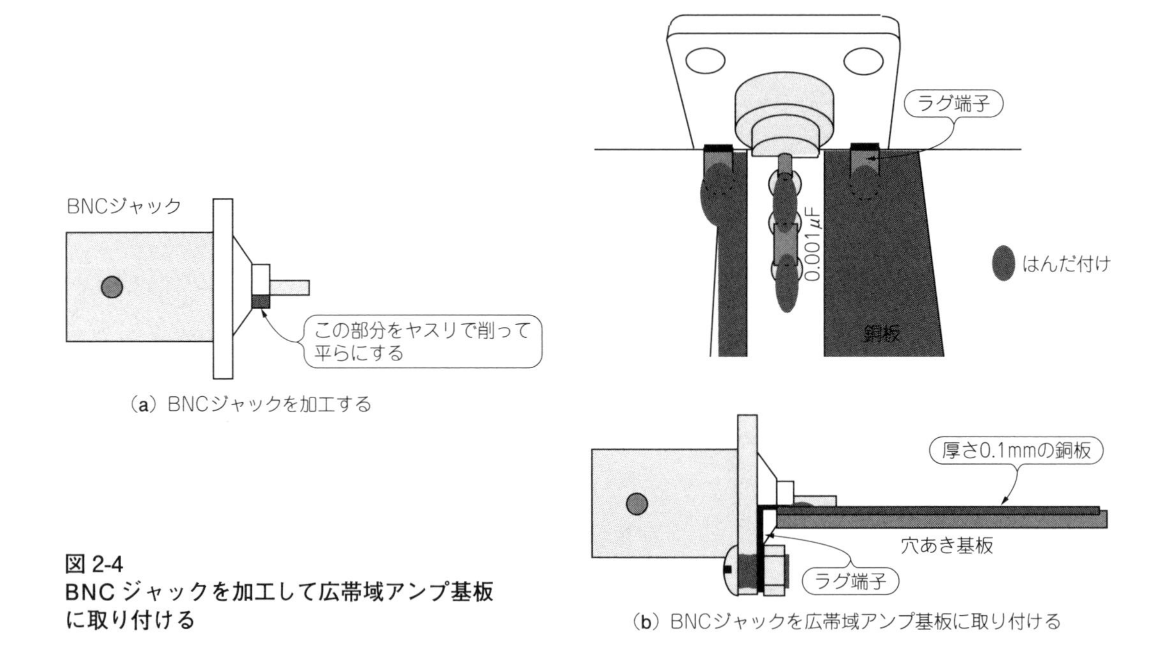

(a) BNCジャックを加工する

(b) BNCジャックを広帯域アンプ基板に取り付ける

図 2-4 BNCジャックを加工して広帯域アンプ基板に取り付ける

が，基板に取り付けるときは，リード線をできるだけ短くするように心がけます．

▶ 3端子レギュレータと広帯域アンプ用ICの取り付け

3端子レギュレータ7809Fを基板にはんだ付けしたあと，MAR-8ASM+を基板にはんだ付けします．MAR-8ASM+は，鼻息で飛んでしまうほど小さいので，接着剤で基板に固定してからはんだ付けします．

▶ BNC ジャックを加工して広帯域アンプ基板に取り付ける

BNC ジャックを，**図 2-4(a)**のように基板に接する部分が平らになるようにヤスリで削り，図(b)のように，BNC ジャックのピン(芯線)を基板にはんだ付けします．次に，GND になる 2 個のラグ端子を BNC ジャックにねじ止めし，ラグ端子の端を基板に貼った，厚さ 0.1mm の銅板にはんだ付けします．

写真 2-7 は，部品を取り付けた広帯域アンプ基板に，MCX プラグ付ケーブルや電源などの被覆電線をはんだ付けしたものです．

そして，ジョイント・ボックスの内側から，**写真 2-8** のように BNC ジャックをねじ止めし，利得調整用の 500Ω の可変抵抗と DC ジャック，電源スイッチなどの配線をすれば完成です．

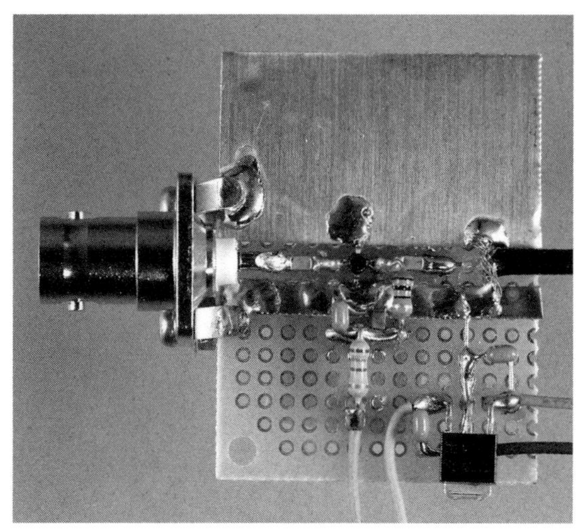

写真 2-7　完成した広帯域アンプの基板
穴あき基板に GND として厚さ 0.1mm の銅板を貼った

写真 2-8　ケースに取り付ける
ケースのカバーに広帯域基板と USB ドングルを取り付け，シャーシに可変抵抗器 500Ω，電源スイッチ，DC ジャックを取り付けて配線する

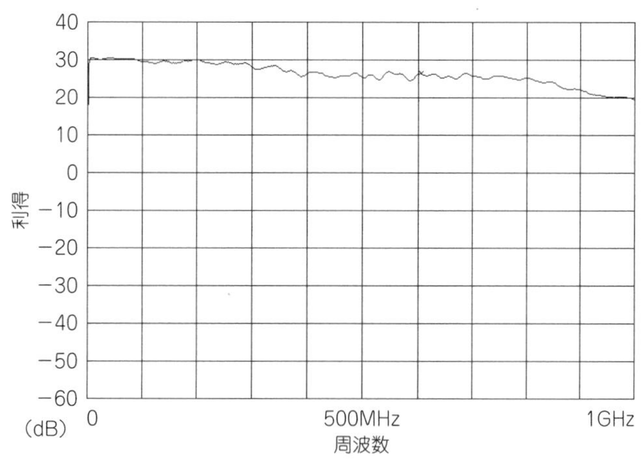

図 2-5
広帯域アンプの特性

電力利得は，100MHzで30dB，1GHzで20dBになった．
周波数1〜1.5GHzでも15dB以上の利得がある

● 広帯域アンプの周波数特性

図2-5は，実測した広帯域アンプの周波数特性データです．利得は，100MHzで30dB，1GHzでは20dBでした．ミニサーキット社の規格上のデータは，それぞれ100MHzで31.5dB，1GHzで25dBなので，数dB低い値になりました．また，周波数1～1.5GHzでも15dB程度の利得があるので，ワンセグ用USBドングルの受信周波数全域をカバーすることができます．

アンテナを接続して受信してみると，今まで受信できなかった弱い信号が，広帯域アンプで増幅されて浮き上がって聞こえてきます．

Column…2-1 ロッド・アンテナのコネクタでMCXケーブルを製作

ワンセグ用USBドングルには，地デジ受信用のロッド・アンテナが付属していますが，ドングルをソフトウェア・ラジオにするので，このロッド・アンテナは不要になります．

そこで，ロッド・アンテナのコネクタ部分を利用して，**写真2-A**のようなMCXケーブルを製作してみました．

ロッド・アンテナから取り外したMCXプラグを，**図コラム2-A(a)**のように磨いてから予備はんだ(はんだメッキ)をしておきます．このとき，はんだごてで熱し過ぎると，コネクタの絶縁部分の樹脂が溶けてしまうので注意します．次に，図(b)のように同軸ケーブル1.5D-2Vまたは1.7C-2Vをはんだ付けすれば，MCXプラグ付ケーブルができあがります．

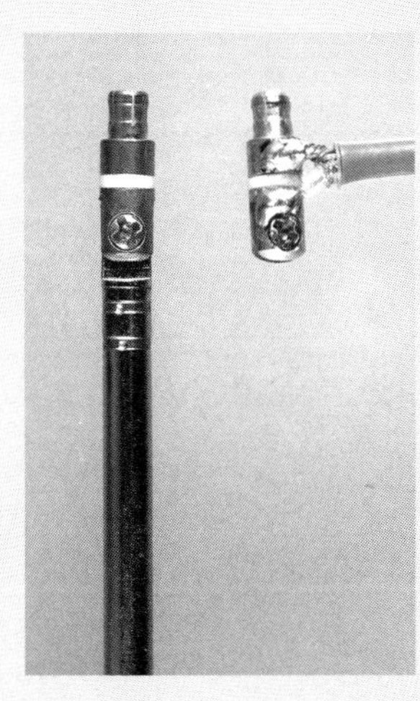

写真2-A MCXケーブルの製作
ロッド・アンテナのコネクタ部分で，MCXケーブルを作ることができる

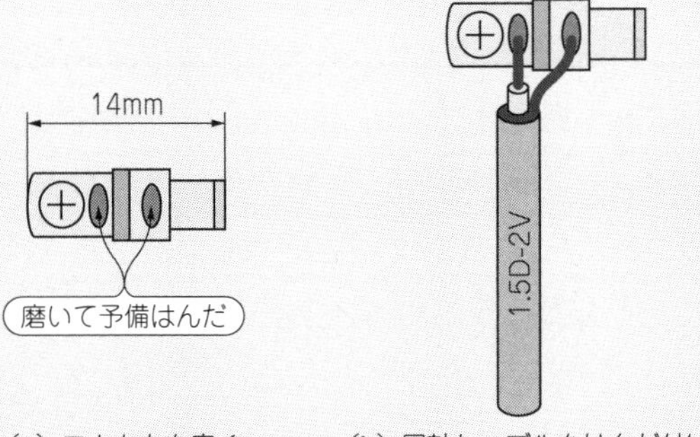

図2-A MCXケーブルの製作

[第3章] 簡単に作れる室内用アンテナ

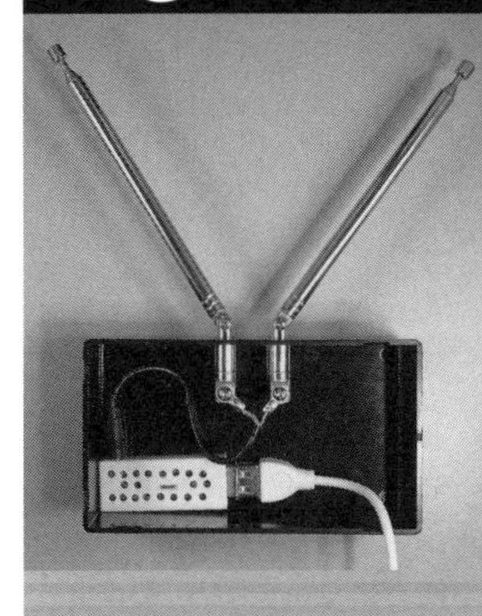

広帯域受信ができる室内アンテナの製作

身近にある材料で作ることができる５種類の室内アンテナの製作例を紹介します．自分に合ったアンテナを見つけて，広帯域受信を楽しんでみましょう．

最初に，机の上に置いて使う広帯域受信用の室内アンテナを製作してみます．もちろん，コーキング剤で防水処理をすれば，ベランダなどの屋外に設置することもできます．

いろいろな方に作ってみて欲しいので，入手しやすい材料と，製作のしやすさを重視しました．

また，このアンテナは，特に，最近よく使われるようになった，ワンセグ用USBドングルを利用したソフトウェア・ラジオのアンテナとして使うことを想定しています．

3-1　ロッド・アンテナを使ったＶ型ダイポール・アンテナを作る

Ｖ型ダイポール・アンテナは，半波長ダイポール・アンテナ(half-wave dipole antenna)をＶ型にしたものです．長さの調整できるロッド・アンテナをエレメントにして，**写真3-1**のように，100～400MHz帯が受信できるＶ型ダイポール・アンテナを製作します．

水平に伸びたダイポール・アンテナは，広いスペースが必要ですが，Ｖ型にすることでコンパクトになり，テーブルの上に置ける室内アンテナに変身します．

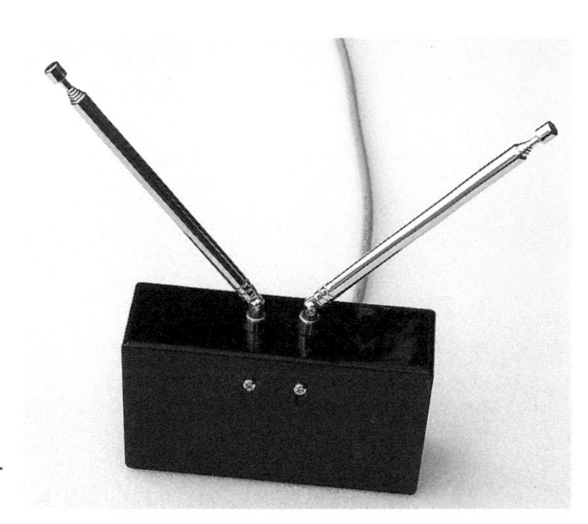

写真3-1
製作するＶ型ダイポール・アンテナ
Ｖ型にするとコンパクトなアンテナになる

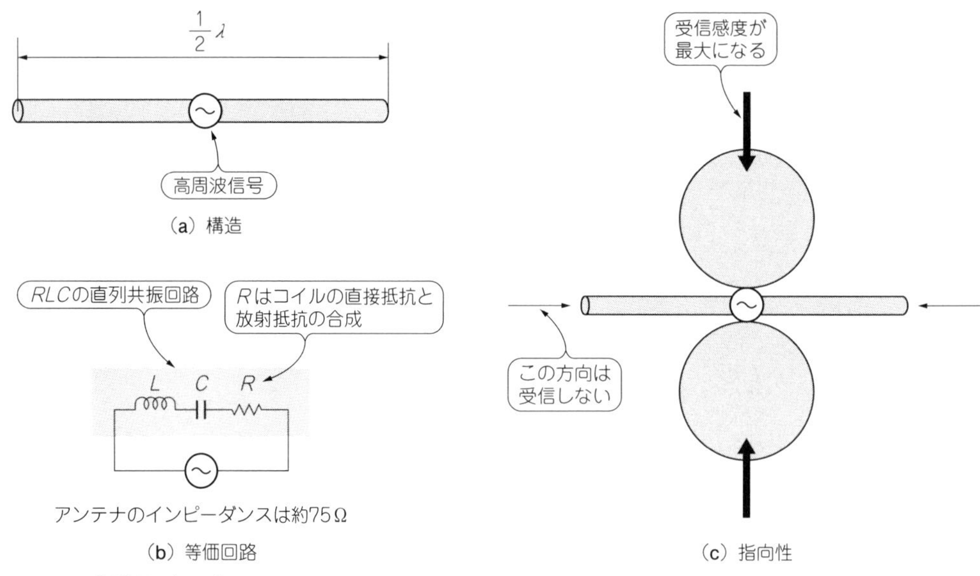

図 3-1　半波長ダイポール・アンテナ

●半波長ダイポール・アンテナとは？

図 3-1(a) は，半波長ダイポール・アンテナ，または半波長ダブレット・アンテナと呼ばれるアンテナの構造です．エレメントの長さが，波長 λ の半分，半波長($\lambda/2$)になっていることから，このように呼ばれています．また，アンテナの利得測定では，基準アンテナとしても使われています．

半波長ダイポール・アンテナは共振アンテナで，その等価回路は，**図(b)** のように RLC の直列共振回路になります．また，アンテナのインピーダンスは約 75Ω で，アンテナの指向性は，**図(c)** のようにエレメントと直角方向で最大になります．

●受信周波数を計算する

受信周波数は，原型の半波長ダイポール・アンテナで求めるほうが簡単なので，**図 3-2** のようにエレメントの長さから，簡易的にアンテナの共振周波数を求めてみます．実際の共振周波数は，製作したＶ型ダイポール・アンテナで測定します．

製作に使うロッド・アンテナは，7 段で根本で折れ曲がるようにできるタイプです．長さは，公称 12 ～ 59cm ですが，ロッド・アンテナの取り付けねじまでの長さは，実測で 15 ～ 63.5cm でした．

このロッド・アンテナ 2 本を，**図(a)** のように取り付けてダイポール・アンテナにすると，エレメントの長さは 130cm になるので，このときの共振周波数を f_L として求めてみます．

$$f_L = \frac{c}{\lambda} = \frac{3\times10^8}{2\times1.3} \fallingdotseq 115\times10^6 = 115[\mathrm{MHz}]$$

同様に，**図(b)** のように，エレメントの長さが 15cm になるときの共振周波数を f_H として求めてみます．

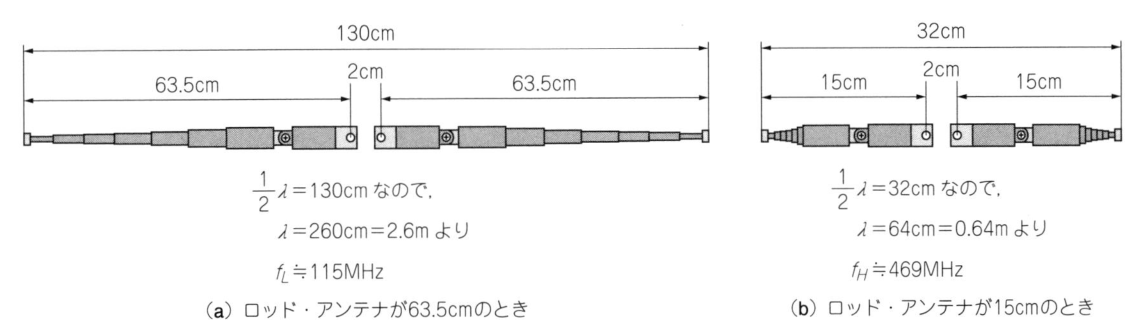

図 3-2　半波長ダイポール・アンテナの共振周波数

表 3-1
V 型ダイポール・アンテナのロッドの段数と共振周波数の関係

段数［段］	長さ［cm］	共振周波数［MHz］（受信周波数）
7	130	115
6	114	132
5	98	153
4	82	183
3	66	227
2	49	306
1	32	469

$$f_H = \frac{c}{\lambda} = \frac{3\times10^8}{2\times0.32} \fallingdotseq 469\times10^6 = 469[\mathrm{MHz}]$$

これらの計算結果から，ロッド・アンテナの長さを調整すれば，115～469MHz の受信アンテナになることがわかります．また，**表 3-1** は，共振周波数の計算からロッド・アンテナの段数と共振周波数の関係を表しています．

● V 型ダイポール・アンテナの製作手順

ロッド・アンテナを水平に延ばすと，ダイポール・アンテナになります．ダイポール・アンテナのインピーダンスは，約 75Ω ですが，ロッド・アンテナの根本が折れ曲がる機構を利用して，エレメントを V 型にすることで，インピーダンスを 50Ω にすることができます．

それでは，V 型ダイポール・アンテナを製作してみましょう．

▶ケースを加工してロッド・アンテナを取り付ける

図 3-3 は，室内用 V 型ダイポール・アンテナの製作図で，**表 3-2** は，製作に必要な部品表です．プラスチック・ケースはタカチの SW-125（125×70×40mm）を使い，**図(a)**のようにケースを加工して，ロッド・アンテナを取り付けます．

ケースにロッド・アンテナを通す直径 8mm の穴をあけ，ケース内に，15mm のスペーサをねじ止めします．そして，スペーサにロッド・アンテナとラグ端子をねじ止めします．

ここで，アンテナ→ワンセグ用 USB ドングル→パソコンと接続するために，次の 2 通りの方法から選びます．

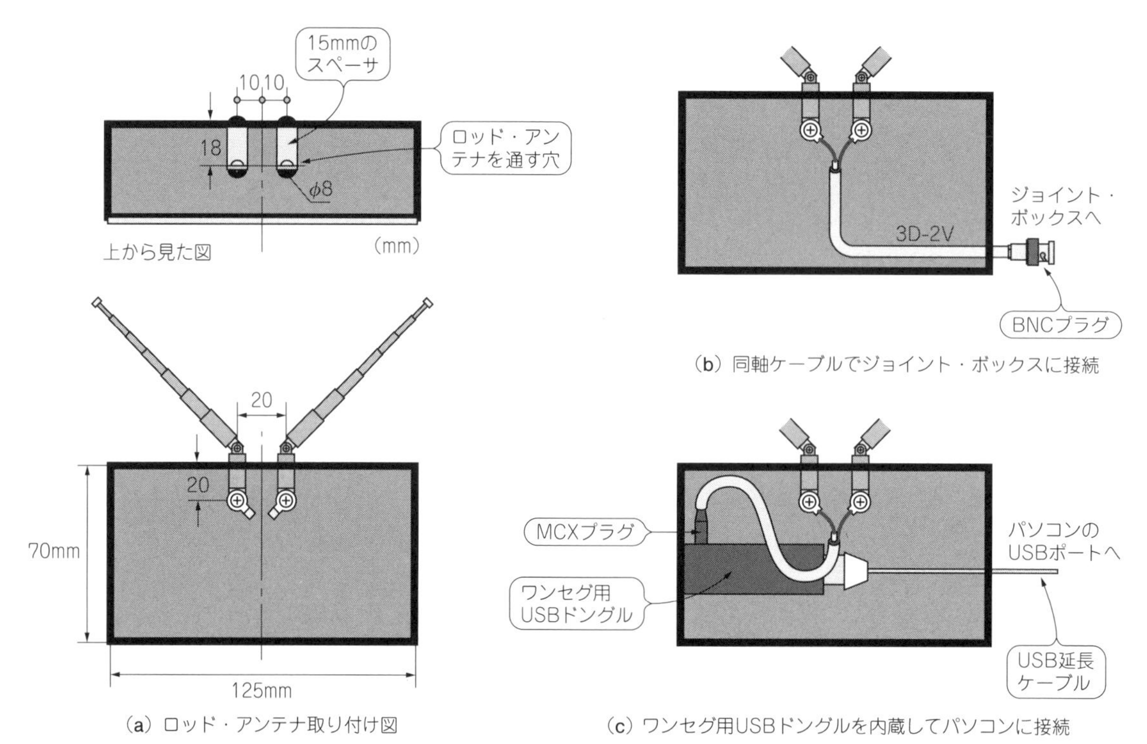

(a) ロッド・アンテナ取り付け図

(b) 同軸ケーブルでジョイント・ボックスに接続

(c) ワンセグ用USBドングルを内蔵してパソコンに接続

図 3-3　室内用V型ダイポール・アンテナの製作図

表 3-2　V型ダイポール・アンテナの部品表

品　名	型式・仕様	数量	参考単価(円)	備考(購入先など)
ロッド・アンテナ	7段	2	216	共立電子
プラスチック・ケース	タカチ SW-125(125×70×40mm)	1	270	−
圧着端子	3mm 用	2	−	−
スペーサ	15mm	2	−	−
ビス	3mm	4	−	−

(a) ケース加工とロッド・アンテナの取り付けの部品

品　名	型式・仕様	数量	参考単価(円)	備考(購入先など)
同軸ケーブル	3D-2V または RG58A/U	3m	−	ケーブル長はアンテナの位置で決める
BNC プラグ	3D-2V 用または RG58 用	1	−	RG58 用：秋月電子通商(100円)

(b) 同軸ケーブルでジョイント・ボックスに接続のときの部品

品　名	型式・仕様	数量	参考単価(円)	備考(購入先など)
MCX プラグ付ケーブル(プラグ-プラグ)	カモン MCX-05, ケーブルの長さ 50cm	1	300	千石電商またはネット通販
USB 延長ケーブル	細型スリムタイプ, 長さ 2m	1	100	ダイソー
ワンセグ用 USB ドングル	−	1	1,200	−

(c) ワンセグ用 USB ドングルをケースに内蔵のときの部品

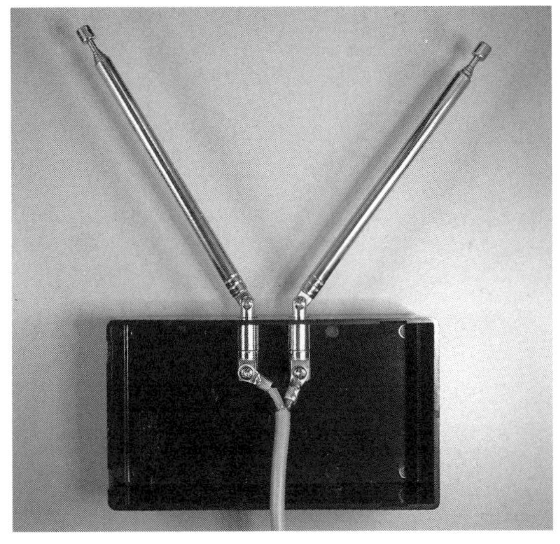

接続は，V型ダイポール・アンテナ→同軸ケーブル3D-2V→ジョイント・ボックス→パソコン

（a）同軸ケーブルで接続

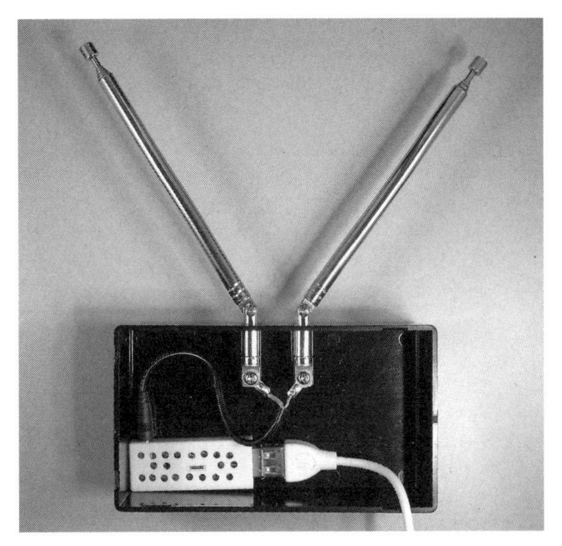

接続は，V型ダイポール・アンテナ→USBドングル→USB延長ケーブル→パソコン

（b）ワンセグ用USBドングルを内蔵

写真3-2　V型ダイポール・アンテナにケーブルを接続

(1)同軸ケーブルでジョイント・ボックスに接続する方法

V型ダイポール・アンテナのラグ端子に同軸ケーブルをはんだ付けして，**図**(**b**)のように，アンテナをジョイント・ボックスに接続します．アンテナ→同軸ケーブル→ジョイント・ボックス→USB延長ケーブル→パソコンという信号の流れになり，パソコンやドングルから発射される不要な電波の影響を減らすことができます．

(2)ワンセグ用USBドングルをケースに内蔵する方法

図(**c**)のように，ワンセグ用USBドングルをケースに内蔵して，USB延長ケーブルでパソコンと接続するというシンプルな形になります．ドングルのアンテナ端子は，MCXジャックが使われていたので，第2章でも取り上げた「MCXプラグ-同軸ケーブル-MCXプラグ」という製品の同軸ケーブルを切断して使いました．切断したケーブルの先にラグ端子をはんだ付けして，ロッド・アンテナにねじ止めします．そしてMCXプラグとUSB延長ケーブルを接続したワンセグ用USBドングルを，両面テープでケースに固定します．

●完成したV型ダイポール・アンテナ

完成した室内用V型ダイポール・アンテナに，**写真3-2**のようにケーブルを取り付けました．**写真**(**a**)が同軸ケーブルで接続する方法で，**写真**(**b**)がワンセグ用USBドングルを内蔵してUSB延長ケーブルで接続する方法です．ケースの裏ブタには，ケーブルを通す穴があけてあります．

また，ロッド・アンテナの折れ曲がり機構を使うと，**写真3-3**(**a**)のようなダイポール・アンテナにも，**写真**(**b**)のようなL型アンテナにもなります．

図3-4は，製作したV型ダイポール・アンテナを，スペアナとリターン・ロス・ブリッジで共振周波数を測定した結果です．ロッド・アンテナを最大に延ばしたときの共振周波数は，**図**(**a**)のように，

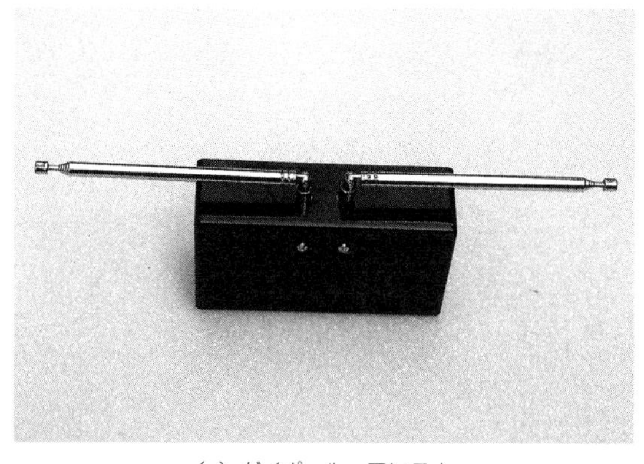

(a) ダイポール・アンテナ

(b) L 型アンテナ

写真 3-3　ダイポール・アンテナやL型アンテナに
ロッド・アンテナの折れ曲げ機構で，ダイポール・アンテナやL型アンテナになる

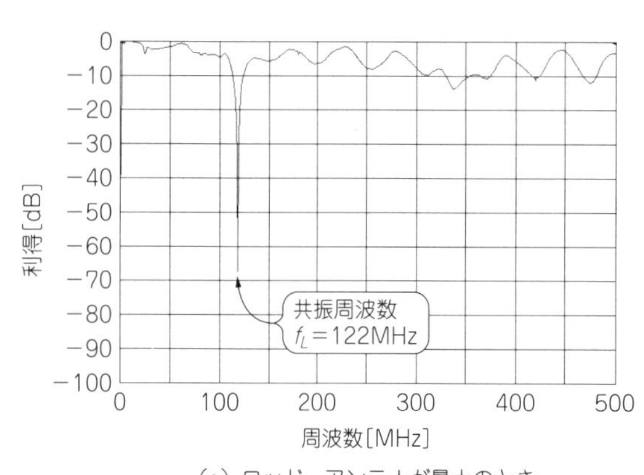

(a) ロッド・アンテナが最大のとき

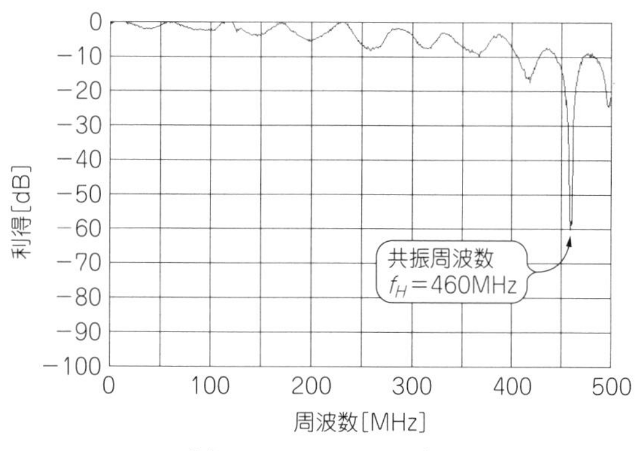

(b) ロッド・アンテナが最小のとき

共振周波数は，ロッド・アンテナの長さにより122～460MHzになる

図 3-4　室内用V型ダイポール・アンテナの共振周波数の測定

122MHz で，ロッド・アンテナを縮めると，**図(b)**のように，460MHz です．共振周波数の計算では 115 ～ 469MHz でしたが，測定値では 122 ～ 460MHz というアンテナになりました．

ロッド・アンテナを最大に延ばした状態だと，エア・バンド(航空無線)の周波数帯に共振していますが，電波の強いローカルの FM 局も十分に受信できます．

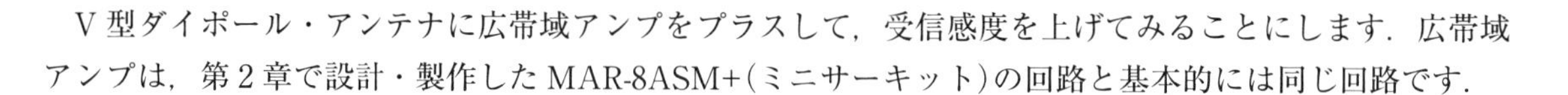

3-2　V 型ダイポール・アンテナ＋広帯域アンプ

V 型ダイポール・アンテナに広帯域アンプをプラスして，受信感度を上げてみることにします．広帯域アンプは，第 2 章で設計・製作した MAR-8ASM+(ミニサーキット)の回路と基本的には同じ回路です．

●広帯域アンプの回路と製作

回路を簡略化するために，**図 3-5** の回路図のように利得調整を省き，電源を単 3 電池 4 本の 6V としま

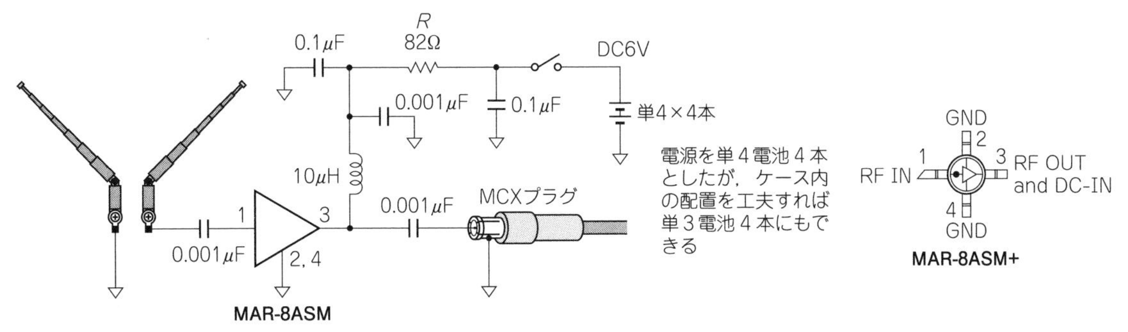

図 3-5　V型ダイポール・アンテナに内蔵する広帯域アンプ

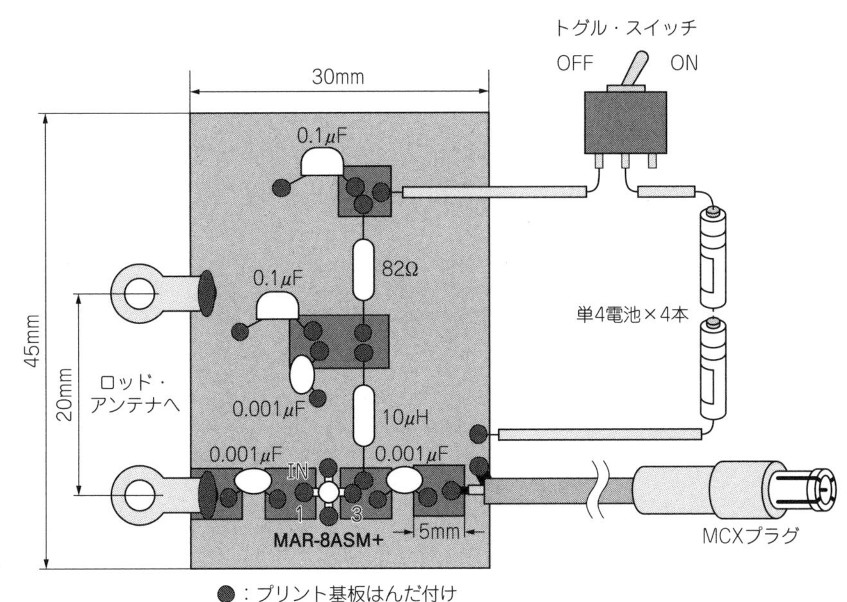

図 3-6
V型ダイポール・アンテナ広帯域アンプの部品取り付け図

した．MAR-8ASM+の推奨回路電圧の7～16Vに対して6Vですが，広帯域アンプの利得が数dB下がる程度で動作するので，今回は電圧を6Vとします．

部品点数が少ないので，**図 3-6**のようにプリント生基板の銅箔に，一辺が5×5mmと5×10mmの基板を接着して，ランドにします．また，V型ダイポール・アンテナの最高受信周波数は460MHzなので，製作をしやすくするためにリード・タイプのコンデンサとしました．

完成した広帯域アンプ基板を，**写真 3-4**のようにロッド・アンテナの根本に取り付け，アンプの出力側には，MCXプラグ付きの同軸ケーブルをはんだ付けします．また，MCXプラグ付きの同軸ケーブルは，コラム2-1で製作したものとしました．市販のMCXケーブルよりコンパクトなので，ワンセグUSBドングルもケースに収めることができます．

そして，電源スイッチと単4電池ホルダの配線をして完成です．電池ホルダは，電池交換のときに取り外せるように，マジック・テープでケースに止めてあります．

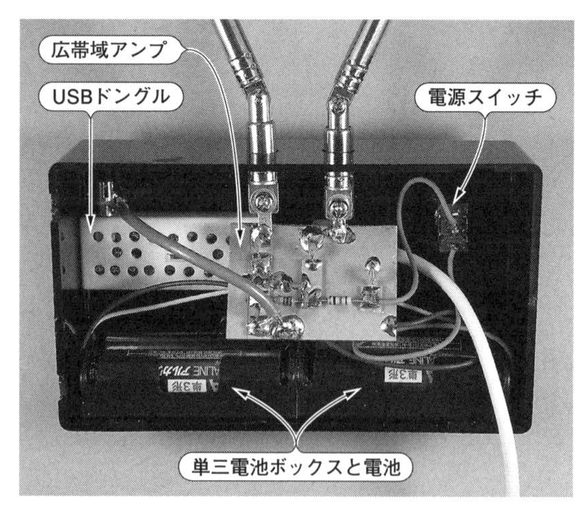

写真 3-4　広帯域アンテナをケースに収める
広帯域アンテナ，ワンセグ用USBドングル，電池などをV型ダイポール・アンテナのケースに入れた．もう少し大きいケースのほうが収めやすい

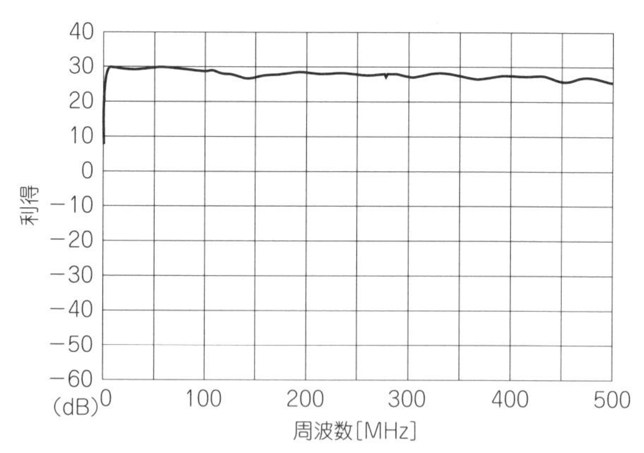

図 3-7　V型ダイポール・アンテナ内蔵アンプの特性
電力利得は，100MHzで29dB，500MHzで25dBになった．500MHz〜1GHzでも20dB以上の利得がある

●広帯域アンプの特性

図 3-7は，製作した広帯域アンプの特性です．電源電圧は規定の電圧よりも低い6Vですが，利得は100MHzで29dB，500MHzで25dBです．また500MHz〜1GHzでも20dB以上，1〜1.5GHzで10dB以上の利得になりました．

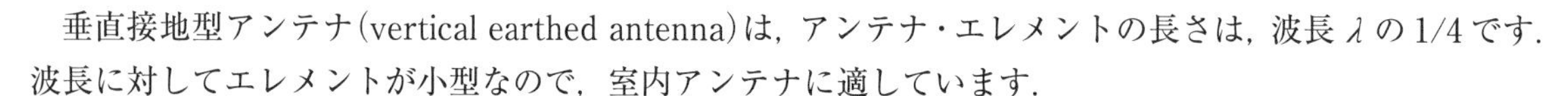

3-3　ロッド・アンテナを使った垂直型アンテナを作る

垂直接地型アンテナ(vertical earthed antenna)は，アンテナ・エレメントの長さは，波長λの1/4です．波長に対してエレメントが小型なので，室内アンテナに適しています．

特定の周波数を受信する共振型アンテナですが，エレメントをロッド・アンテナにして長さを調整し，受信周波数を変えられるようにします．また，第2章で製作したジョイント・ボックスに接続することで，ジョイント・ボックスの金属ケースを大地の代わりにします．

それでは，**写真 3-5**のような，100〜400MHz帯を受信する垂直型アンテナを製作してみましょう．

●垂直接地型アンテナの動作原理

図 3-8(a)のように，波長λの1/4の長さのエレメントを大地に垂直に立てると，大地に高周波電流が流れ，大地が$\frac{1}{4}\lambda$のエレメントの働きをします．この大地の働きを，ミラー効果(鏡面効果)といいます．このミラー効果により，$\frac{1}{4}\lambda$の垂直接地型アンテナは，$\frac{1}{2}\lambda$のダイポール・アンテナとして動作します．

図(b)は，垂直接地型アンテナの指向特性です．水平面は無指向性なので，どの方向からも一様に受信できます．垂直面は大地に沿った方向の感度が最大になり，大地と45°以内の電波を良く受信することができます．

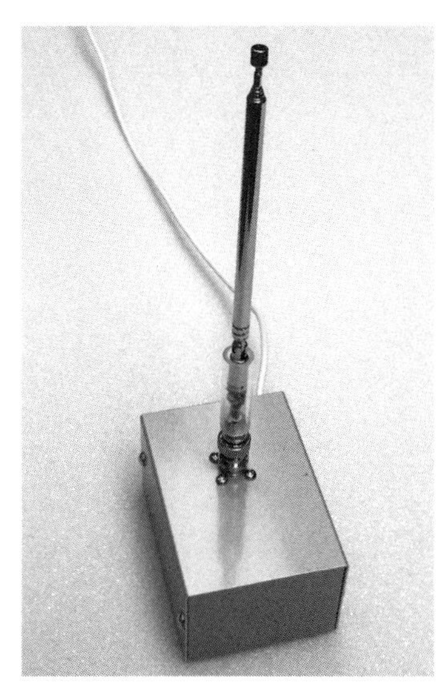

写真 3-5　製作する 1/4λ 垂直接地アンテナ
ジョイント・ボックスに接続して受信する

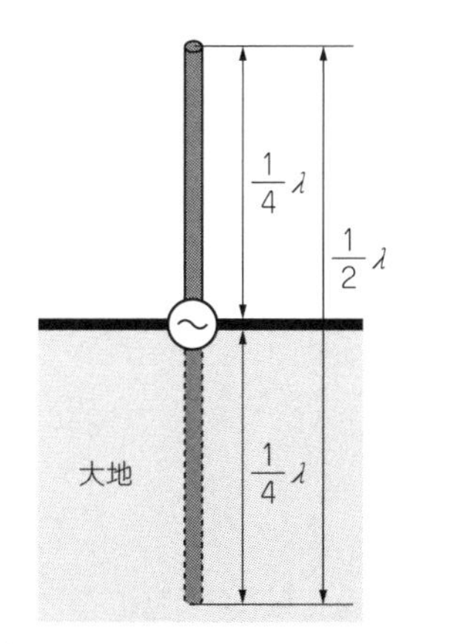

(a) 垂直接地アンテナのミラー効果

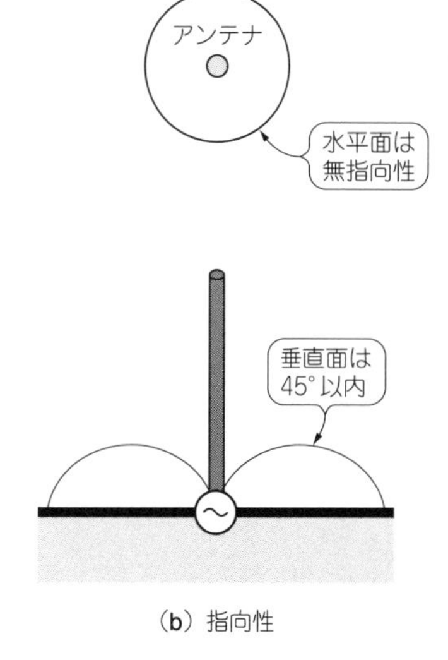

(b) 指向性

図 3-8　垂直接地アンテナの動作原理

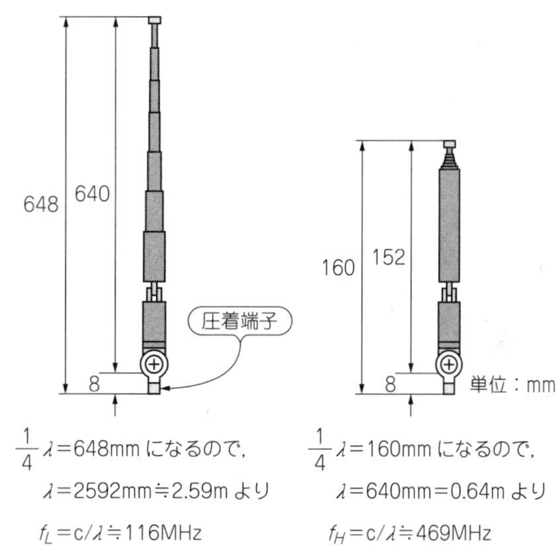

$\frac{1}{4}\lambda$=648mm になるので，
λ=2592mm≒2.59m より
$f_L = c/\lambda \fallingdotseq$ 116MHz
(a) 全長が648mmのとき

$\frac{1}{4}\lambda$=160mm になるので，
λ=640mm=0.64m より
$f_H = c/\lambda \fallingdotseq$ 469MHz
(b) 全長が160mmのとき

図 3-9
1/4λ 垂直接地アンテナの受信周波数

●垂直接地型アンテナの受信周波数

図 3-9 が，製作する垂直接地型アンテナです．エレメントの長さをロッド・アンテナで調整するようにして，広帯域の受信アンテナにしています．

使用したロッド・アンテナの全長は，およそ 15 ～ 64cm で，圧着端子部分の長さは 8mm です．したがって，**図(a)** のようにロッド・アンテナを延ばすと，全長が 648mm になり，**図(b)** のように縮めると，160mm になります．エレメントの長さは，波長 λ の 1/4 なので，λ は 2.59 ～ 0.64m ということです．

ここで，波長からアンテナの最低周波数 f_L を求めてみると，

表 3-3　垂直接地アンテナの部品表

品　名	型式・仕様	数量	参考単価(円)	備考(購入先など)
ロッド・アンテナ	7段	1	216	共立電子
BNC コネクタ・プラグ	丸座，シャーシ取付	1	150	秋月電子通商
圧着端子	R2-3.5	1	–	ホームセンター
アクリル・パイプ	外径 13mm，内径 9mm，長さ 40mm	1	302	東急ハンズ，長さ 50cm で 302 円
ビス・ナット	直径 3mm，長さ 5mm	1	–	–
接着剤	–	–	–	–

$$f_L = \frac{c}{\lambda} = \frac{3 \times 10^8}{2.59} \fallingdotseq 116 \times 10^6 = 116[\mathrm{MHz}]$$

同じように，アンテナの最高周波数 f_H を求めてみると，

$$f_H = \frac{c}{\lambda} = \frac{3 \times 10^8}{0.64} \fallingdotseq 469 \times 10^6 = 469[\mathrm{MHz}]$$

になります．つまり，ロッド・アンテの長さを調整すれば，116 ～ 469MHz の受信アンテナとして動作します．

なお，使用するロッド・アンテナのエレメントの長さが違うときは，受信周波数を再計算してみてください．

●垂直接地型アンテナの製作手順

表 3-3 は，垂直接地型アンテナの製作に必要な部品表です．**図 3-10(a)** は，ロッド・アンテナと BNC コネクタのプラグの加工図で，**図(b)** は，その詳細図です．ロッド・アンテナと BNC コネクタを圧着端子で接続し，接続部分を樹脂パイプで補強するという構造になっています．それでは，製作手順を説明しましょう．

▶ BNC コネクタのプラグに圧着端子をはんだ付けする

BNC コネクタのプラグは，**写真 3-6(a)** のような丸座のケース取り付け用というものです．BNC プラグの芯線部分に圧着端子 R2-3.5 の圧着部分を差し込み，**写真(b)** のように圧着ペンチ，またはペンチでカシメてから，はんだを流し込みます．

▶ BNC プラグとロッド・アンテナをねじ止めする

写真 3-7 のように，圧着端子とロッド・アンテナを，直径 3mm，長さ 5 ～ 6mm のビス・ナットにワッシャを入れて止めます．使用したロッド・アンテナは 7 段ですが，他のロッド・アンテナでも，外形が 9mm 以下なら同様に使えると思います．

▶ BNC コネクタとロッド・アンテナの取り付け部をアクリル・パイプで補強する

写真 3-8 のように，BNC プラグ，圧着端子とロッド・アンテナの取り付け部を，外径 13mm，内径 9mm のアクリル・パイプで補強します．アクリル・パイプは BNC プラグにねじ込むようにして，5 山ほどねじ山に押し込むように回します．堅くて押し込めないときには，パイプを加熱してからねじ込むよう

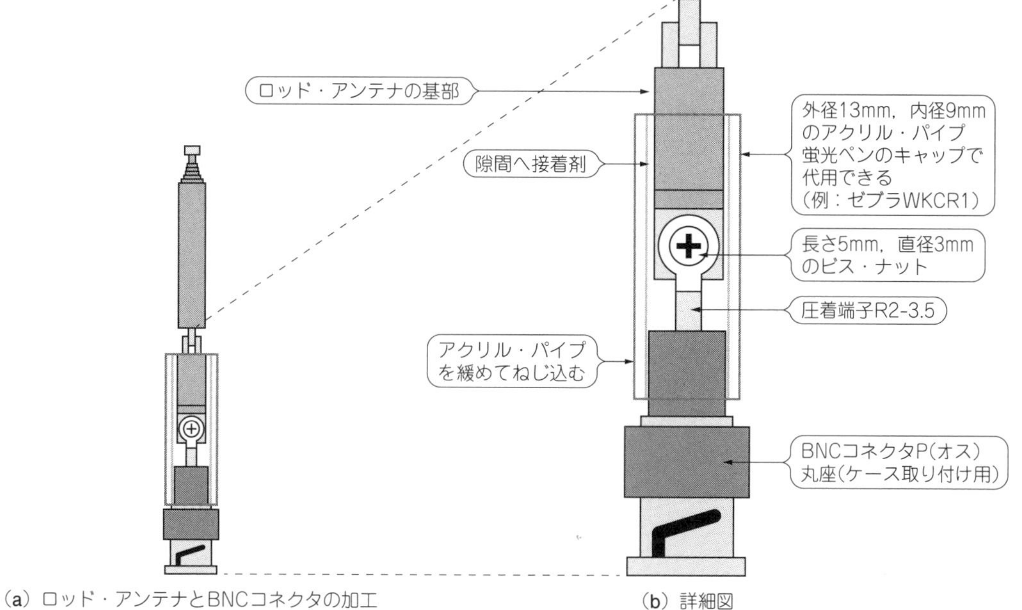

（a）ロッド・アンテナとBNCコネクタの加工　（b）詳細図

図 3-10　1/4λ 垂直接地アンテナの製作図
ロッド・アンテナを BNC コネクタのプラグに取り付け，丸パイプで補強する

（a）BNC プラグは丸座のケース取り付け用

（b）BNC プラグに圧着端子を取り付ける

写真 3-6　BNC プラグ

写真 3-7　BNC プラグとロッド・アンテナ接続する
3mm のビス・ナットとスプリング・ワッシャで止める

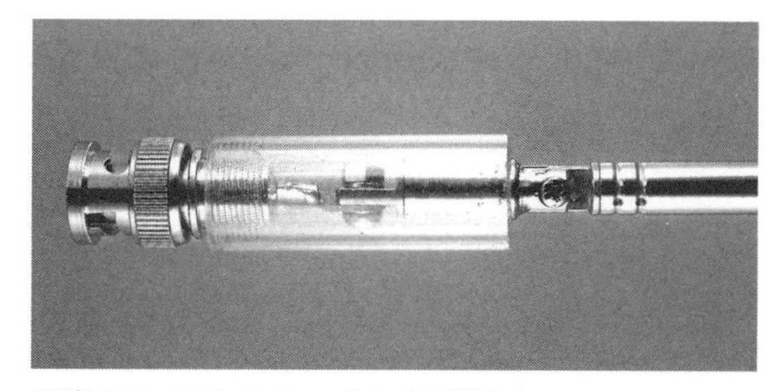
写真 3-8　アクリル・パイプで補強
BNC プラグとロッド・アンテナの取り付け部をアクリル・パイプで補強する．アクリル・パイプは外径 13mm，内径 9mm で長さ 40mm.

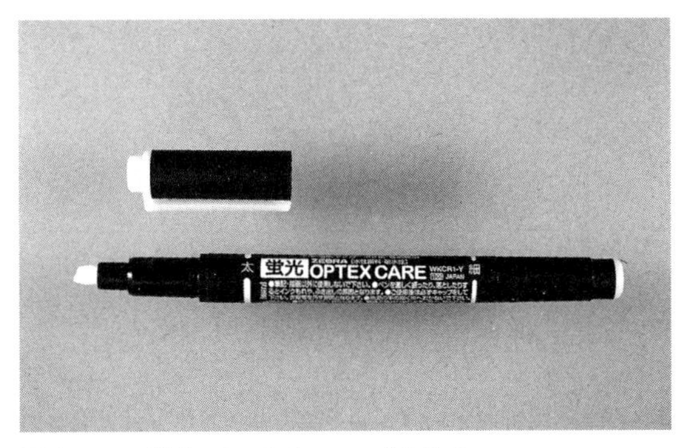

写真3-9 蛍光ペンのキャップを使う
アクリル・パイプの代わりに蛍光ペンのキャップで利用できる．写真の蛍光ペン（ゼブラ WKCR1）の内径は9mm

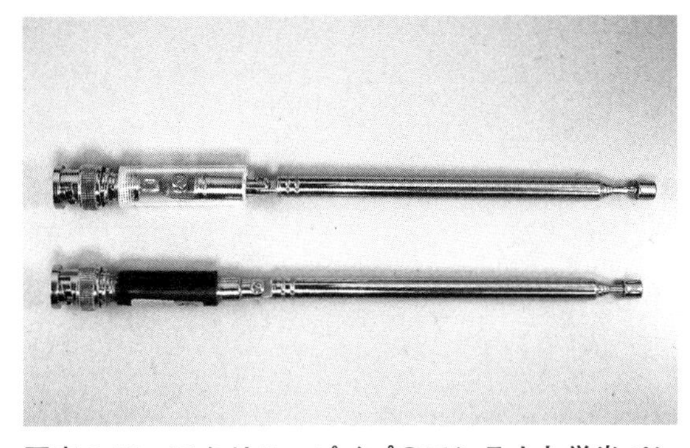

写真3-10 アクリル・パイプのアンテナと蛍光ペンのキャップのアンテナ
取り付け部の補強を，アクリル・パイプまたは蛍光ペンのキャップで

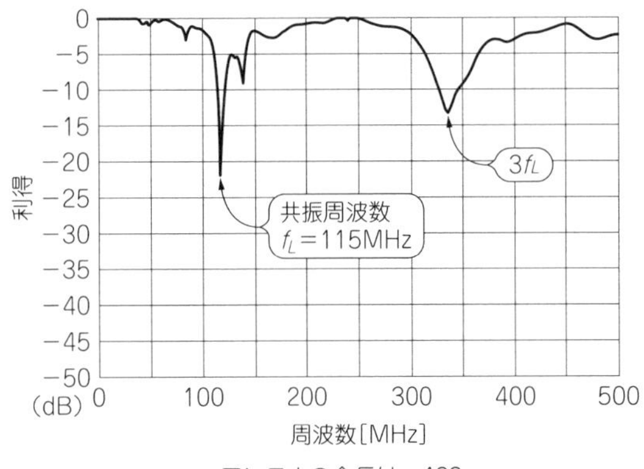

アンテナの全長は，468mm
（a）ロッド・アンテナが最長のとき

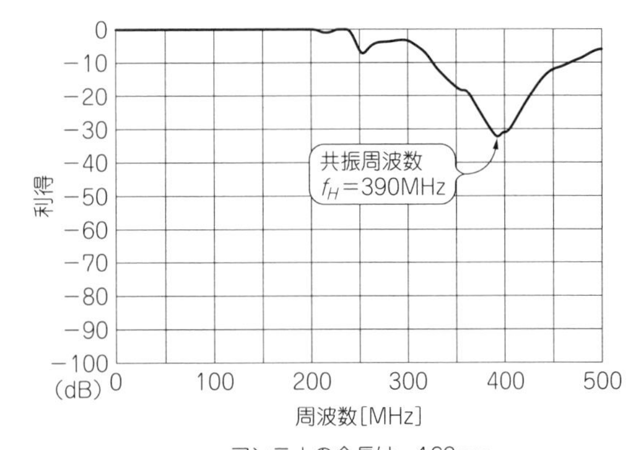

アンテナの全長は，163mm
（b）ロッド・アンテナが最短のとき

図3-11 1/4λ垂直接地アンテナの共振特性

にします．アクリル・パイプとロッド・アンテナの接合部にすき間があるときには，接着剤で固めます．

また，**写真3-9**のような蛍光ペン（例：ゼブラ WKCR1）のキャップを，アクリル・パイプの代用にできます．蛍光ペンのクリップ部分を外すと，内径約9mmで長さ32mmのパイプになります．他のサインペンなどのキャップを利用することもできますが，キャップの内径が9mm以上のときは接着剤で固め，小さいときにはドリルで穴を大きくします．

●完成した垂直接地型アンテナの周波数を測定する

写真3-10は，アクリル・パイプで製作した垂直接地型アンテナと，蛍光ペンのキャップで製作した垂直接地型アンテナです．それでは，垂直接地型アンテナをジョイント・ボックスに接続して，アンテナの共振周波数を測定してみます．

ロッド・アンテナの長さを最長にして，全長648mmにすると，**図3-11（a）**のように共振周波数f_Lは，115MHzで，さらに基本共振周波数の3倍で共振していることがわかります．また，ロッド・アンテナの長さを全長160mmにすると，**図（b）**のように共振周波数f_Hは，390MHzになりました．

受信周波数は，計算では116～460MHzでしたが，測定値では115～390MHzというアンテナになりました．計算と実測が違う原因として，金属製ジョイント・ボックスが，完全なグランドの役目になっていないことが考えられます．

垂直接地型アンテナはコンパクトで便利ですが，受信感度はV型ダイポール・アンテナに比べると低くなりました．

3-4 ローディング・アンテナを作る

垂直接地型アンテナで共振周波数を低くしようとすると，長いロッド・アンテナが必要になります．たとえば，FM放送を受信するアンテナの長さは，約90cmになりますが，長いロッド・アンテナは入手しにくく，さらに，長いので室内アンテナとしての取り回しも，わずらわしいものです．

そこで，**写真3-11**のように，コイルを追加して短いロッド・アンテナでも受信周波数を低くできるローディング・アンテナを製作します．ターゲットの周波数を，80～150MHz帯に設定します．

●ローディング・アンテナとは？

アンテナの等価回路は，*RLC*の直列共振回路です．**図3-12**のようにインダクタンス分を加えると，共振周波数が下がります．このとき加えたインダクタンス分のことを，延長コイルと呼びます．

延長コイルを加えることで，長いエレメントのアンテナと同じ働きをするので，アンテナを小型化できます．欠点は，コイルの抵抗分の損失により，アンテナの利得が下がることです．

●延長コイルの位置

図3-13は，アンテナの電流分布と延長(ローディング)コイルのイメージで，延長コイルの位置により，三つのタイプがあります．

図(a)はベース・ローディング，またはボトム・ローディングといい，構造的には丈夫で作りやすいタイプです．しかし，電流値の分布が大きい基部にコイルを巻くため，損失が大きくなります．

図(b)は，トップ・ローディングといい，電流値の分布が小さいトップなので，コイルによる損失は小さいのですが，コイルをささえるエレメントを丈夫にする必要があります．

そして，**図(c)**のセンタ・ローディングは，その中間ということになります．

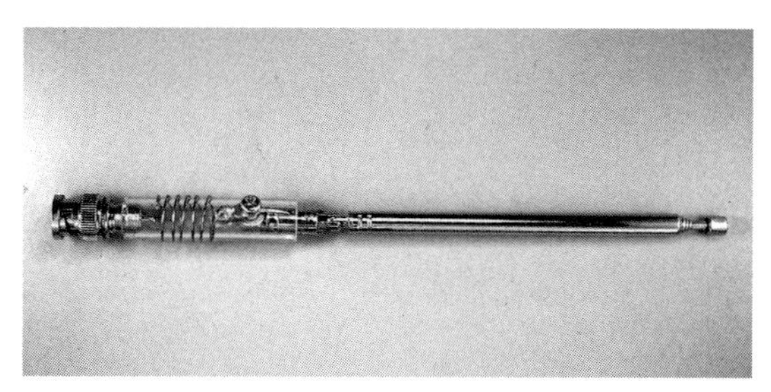

写真3-11 ローディング・アンテナ
短いロッド・アンテナのエレメントで，80～150MHzを受信する

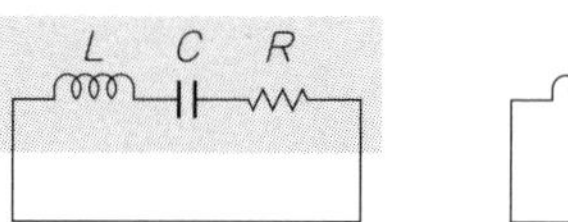

アンテナの等価回路

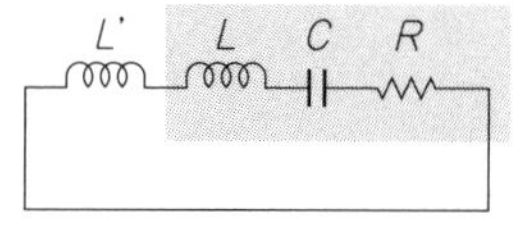

延長コイルL'のインダクタンス分を加えると，共振周波数が下がる

図3-12 ローディング・アンテナ

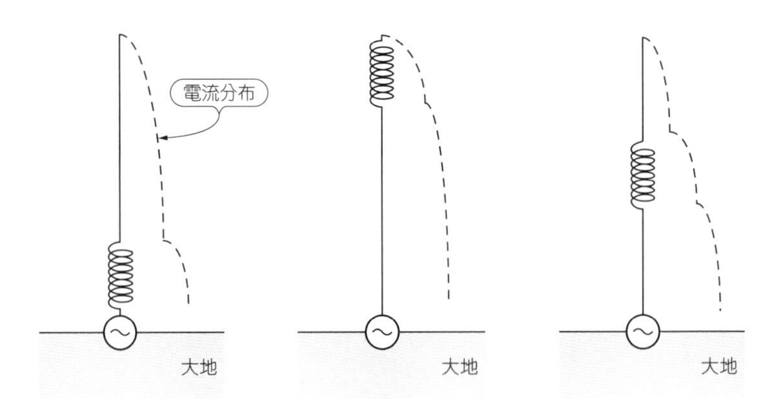

図 3-13
ローディング・アンテナの分類

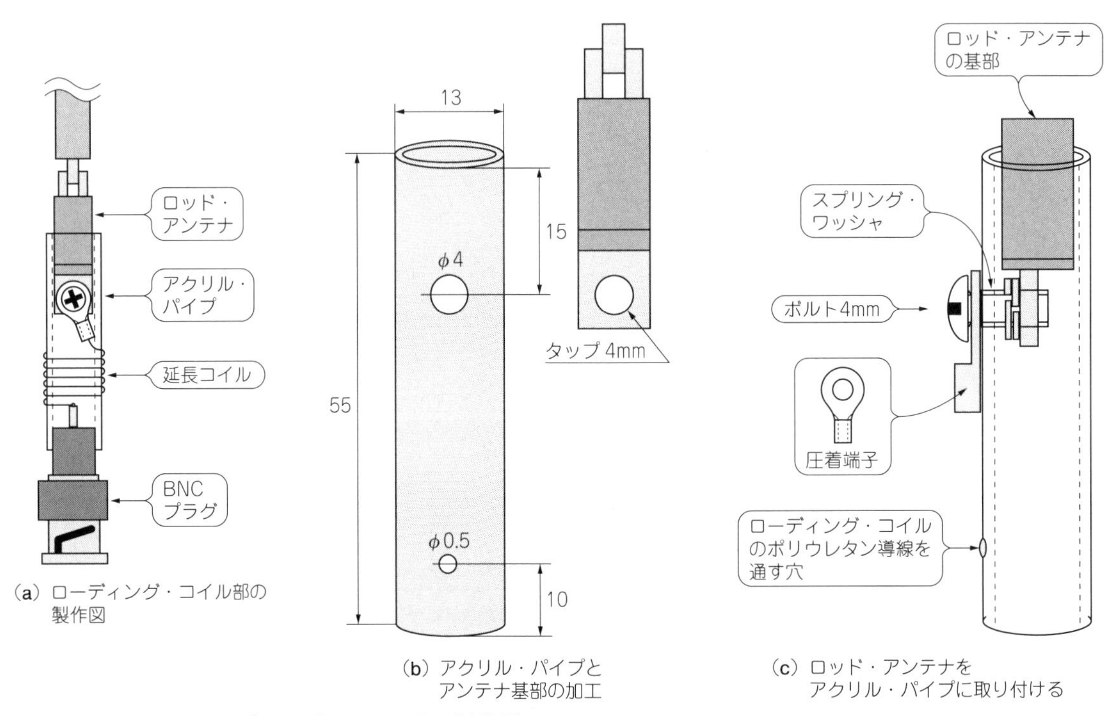

図 3-14 ベース・ローディング・アンテナの製作図

ここでは構造的な要素をポイントにおき，ベース・ローディング・アンテナを製作してみます.

●ベース・ローディング・アンテナの製作手順

図 3-14 がベース・ローディング・アンテナの製作図で，**図(a)**がローディング・コイル部の製作図です. **表 3-3** が製作に必要な部品表です. アクリル・パイプに巻いた延長コイルを基台に，エレメントをロッド・

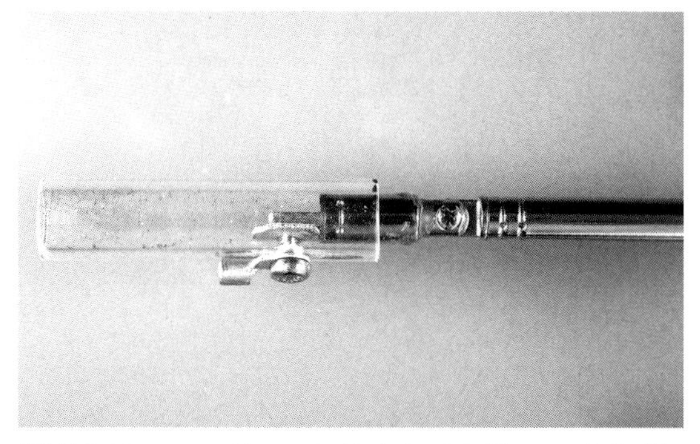

写真 3-12　ロッド・アンテナをアクリル・パイプに取り付ける
透明のアクリル・パイプを透して中を見ながら，ワッシャを通して 4mm のボルトでロッド・アンテナを止める

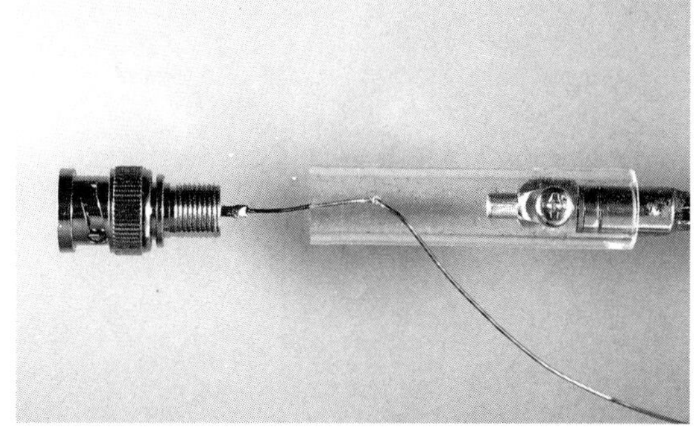

写真 3-13　ポリウレタン銅線を穴に通す
直径 0.5mm のポリウレタン銅線を BNC プラグにはんだ付けしてから，アクリル・パイプにあけた直径 0.8mm の穴に通す

アンテナにした構造となっています．

▶アクリル・パイプとアンテナ基部の加工

図(b)のように，外径 13mm，内径 9mm のアクリル・パイプを，長さ 55mm に切断して，4mm のボルトを通す直径 4mm と，ポリウレタン銅線を通す直径 0.8mm の穴をあけます．4mm の穴の位置は上部から 15mm，0.8mm の穴の位置は下部から 10mm の位置です．アクリル・パイプはひびが入りやすいので，4mm の穴をあけるときには，ドリルのキリを 1→3→4mm のように順番に太くしていきます．また，ロッド・アンテナ基部のねじ穴に，4mm のタップを切っておきます．

▶ロッド・アンテナをアクリル・パイプに取り付ける

図(c)のように，直径 4mm，長さ 8mm のボルトに圧着端子，アクリル・パイプ，ワッシャの順に通し，アクリル・パイプに差し込んだロッド・アンテナの基部にねじ止めします．透明のアクリル・パイプなので，**写真 3-12** のように内部を見ながら取り付けることができます．

このとき，ワッシャはアクリル・パイプとロッド・アンテナのスペーサを兼ねているので，アンテナが垂直になるようにワッシャの枚数を調整します．そして，ロッド・アンテナとアクリル・パイプの隙間に接着剤を流し込んで固定します．

▶ BNC プラグにポリウレタン銅線をはんだ付けして延長コイルを巻く

写真 3-13 のように，直径 0.5mm のポリウレタン銅線を BNC プラグにはんだ付けし，アクリル・パイプの穴に通します．次に，ロッド・アンテナを取り付けたアクリル・パイプを暖めながら，BNC プラグにまっすぐ押し込み，BNC プラグのねじ山に，5～7 山かかるようにします．

ローディング・コイルは，**写真 3-14** のようにポリウレタン銅線をアクリル・パイプに 6 回巻きにして，圧着端子にはんだ付けします．

●ベース・ローディング・アンテナの共振周波数を測定する

製作したベース・ローディング・アンテナの，コイルの巻き数は 6 回です．ロッド・アンテナを伸ばしたときローディング・アンテナの長さ約 67cm になり，そのときの共振周波数は 80MHz です．逆に，縮めたときの長さ 18cm では，150MHz でした．

また，**表 3-4** は，ローディング・コイルの巻き数と共振周波数，短縮率の関係を表したデータです．巻

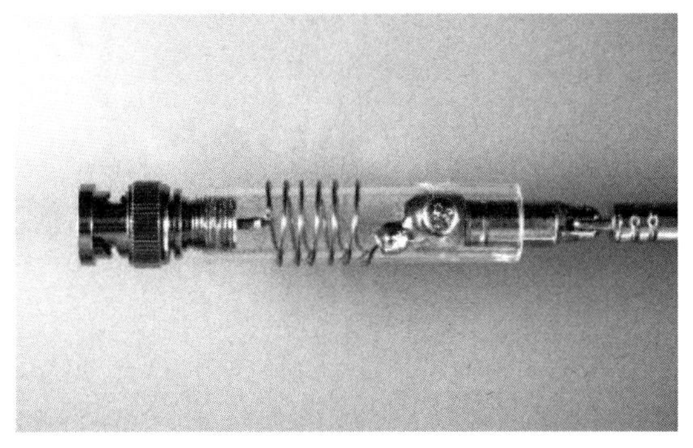

写真 3-14　延長コイルを巻く
アクリル・パイプに6回巻いたのコイルを圧着端子にはんだ付けする

表 3-4　ベース・ローディング・アンテナの巻き数と共振周波数の関係

巻数[回]	共振周波数[MHz]		短縮率[%]	
	67cm	18cm	67cm	18cm
10	50	110	44.7	26.4
7	70	130	62.6	31.2
6	80	150	71.3	36

※ロッド・アンテナを伸ばしたときのエレメント長を67cm，縮めたときのエレメント長を18cmとした．

き数を増やすほど共振周波数は低くなるので，アンテナを小型化できますが，受信感度は悪くなります．また，アンテナの長さを調整して受信周波数を変えようとしても，周波数の範囲も狭くなります．

しかし，アンテナの受信感度を広帯域アンプで補うようにすれば，小型で取り回しの良いアンテナになります．

3-5　同軸ケーブルでマグネチック・ループ・アンテナを作る

ループ・アンテナは，エレメントをループ状にしたアンテナで，ループの形は円形や多角形が用いられます．電波の成分は電界と磁界ですが，ループ・アンテナは，磁界成分を受信するアンテナです．

写真 3-15 は，製作する直径15cmのマグネチック・ループ・アンテナ(magnetic loop antenna)で，ジョイント・ボックスに接続して受信アンテナにします．広帯域受信に適したコンパクトなアンテナですが利得はありません．しかし受信周波数は，ソフトウェア・ラジオの受信帯域の，50～1200MHzをカバーできます．

●ループ・アンテナとは

図 3-15 は，電界アンテナと磁界アンテナの原理です．

電界アンテナは，**図(a)**のように，電界によって電荷が誘起され高周波電圧が発生するアンテナで，ダイポール・アンテナや垂直接地型アンテナなど，ほとんどのアンテナは電界アンテナです．

磁界アンテナは，**図(b)**のように，電磁誘導により誘導電流が発生するアンテナで，ループ・アンテナは磁界アンテナの代表格です．ループ・アンテナの指向性は，**図(c)**のように電波の方向がループ・アンテナの開口面と垂直のときに最大で，8の字に近いパターンになります．

ループ・アンテナの最大の特徴は，静電シールド(または，ファラデー・シールド)を施すことにより，電界ノイズの影響を受けにくくできることです．実は，家庭内の電気機器で発生するノイズの大半は電界ノイズなので，磁界アンテナであるループ・アンテナは，ノイズに対して有利なアンテナといえます．

●マグネチック・ループ・アンテナとは

マグネチック・ループ・アンテナは，スモール・ループ・アンテナ(微少ループ・アンテナ)とも呼ばれ，

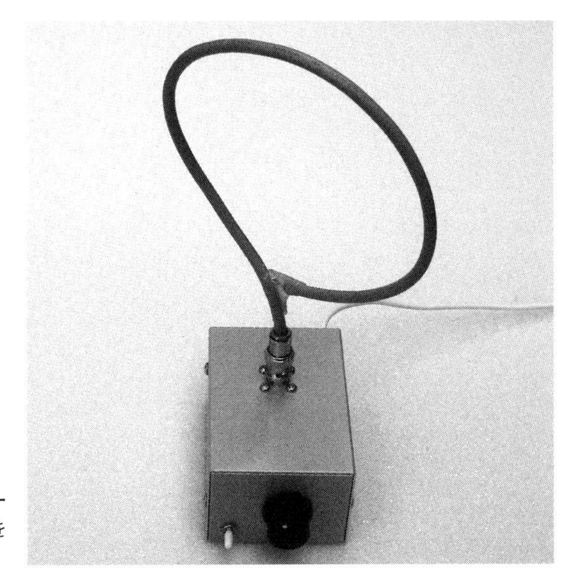

写真 3-15
製作するマグネチック・ループ・アンテナ
同軸ケーブルで直径 15cm のループ・アンテナを作る

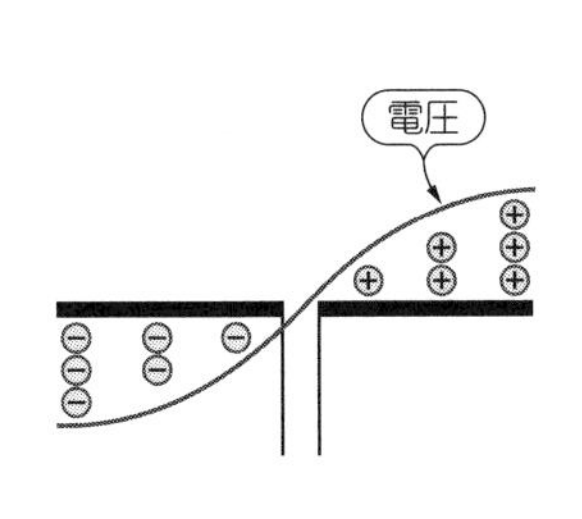

電界方向にアンテナを向けると
電荷が誘起されて高周波電圧が発生する

(a) 電界アンテナ

磁束
誘導電流

磁界方向にアンテナを向けると
電磁誘導により誘導電流が流れる

(b) 磁界アンテナ

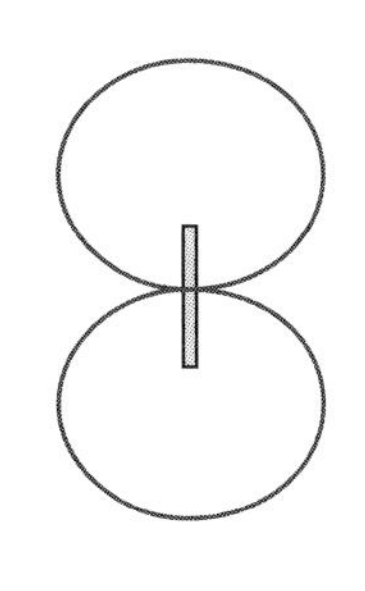

電波の方向が，ループ・アンテナの
開口面と垂直のときに最大になる

(c) ループ・アンテナの指向性

図 3-15　電界アンテナと磁界アンテナ

波長に対してアンテナの周囲長が短いアンテナことをいいます．実際には，ループ面を磁束が貫けば高周波電流が発生するので，周囲長が長いほど電波を捉えやすくなります．つまり，マグネチック・ループ・アンテナは，無調整で広高帯域受信に適したアンテナです．

●マグネチック・ループ・アンテナの製作手順

図 3-16 は，同軸ケーブルを使ったマグネチック・ループ・アンテナの製作図で，同軸ケーブルの外部導体(網線)が静電シールドの役目をします．また，**表 3-5** は部品表です．製作図のマグネチック・ループ・アンテナの直径が 15cm と小さめなのは，製作したときの自立性を重視し，この程度のサイズにしました．

▶同軸ケーブルをループ状にしてはんだ付け

同軸ケーブル 3D-2V を，**図(a)**のように直径 15cm のループ状にします．ループ状にする軸には，円柱形のゴミ箱を利用しました．次に，**図(b)**のようにループ状にした同軸ケーブル端のシース(保護皮膜)を，

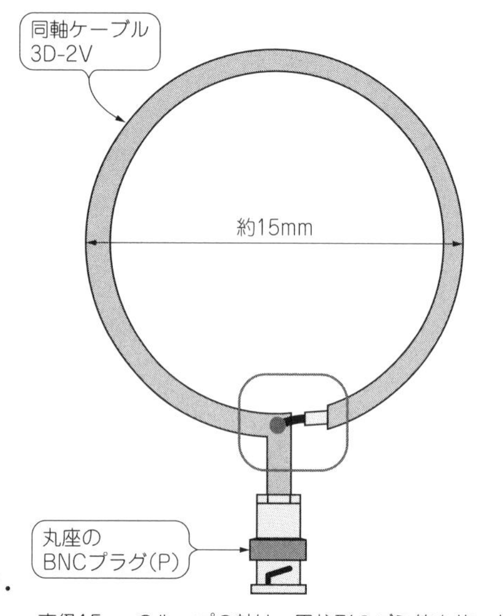

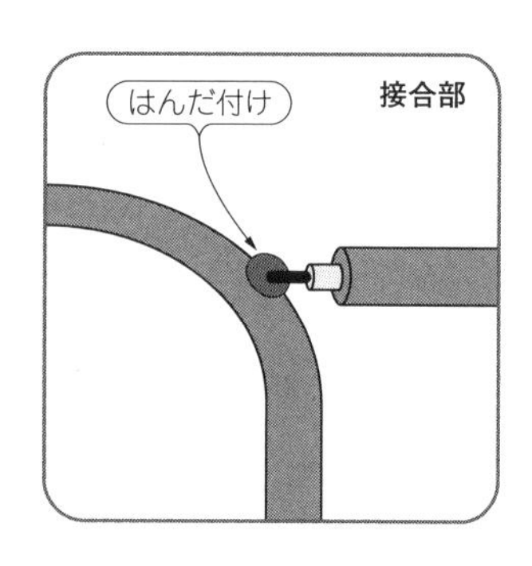

図 3-16 マグネチック・ループ・アンテナの製作図

直径15mmのループの軸は，円柱形のゴミ箱を使った

同軸ケーブルのシース(保護皮膜)を剥がして芯線を外部導体(網線)に，はんだ付けしてから接着剤で固める

表 3-5　マグネチック・ループ・アンテナの部品表

品　名	型式・仕様	数量	参考単価(円)	備考(購入先など)
同軸ケーブル	3D-2V または RG58A/U	60cm	−	−
BNC プラグ	−	1	120	秋月電子通商
接着剤	エポキシ 2 液混合タイプ	−	−	−

5mm ほど剥がして，芯線を外部導体にはんだ付けします．

▶自立できるように接着剤で固める

同軸ケーブルの接合部を，2 液混合タイプの接着剤で固めて自立できるようにします．接着剤が固まったら，はみ出した接着剤をカッターナイフやヤスリで削ってループ状に形を整えます．

▶ BNC プラグを取り付ける

同軸ケーブルをループの接合部から 5cm ほどのところで切断し，ケーブルの先に BNC プラグを取り付けます．BNC プラグの取り付け手順は，コラム 3-1(p.47)を参考にしてください．

●マグネチック・ループ・アンテナの受信周波数

製作したマグネチック・ループ・アンテナを，スペクトラム・アナライザに接続して電波をとらえてみました．

周波数 1GHz までの受信電波は，**図 3-17** のようになりました．FM 放送，地デジ放送，携帯の基地局などの電波をとらえていることから，広帯域受信機のアンテナとして使えます．

●完成したマグネチック・ループ・アンテナを使う

写真 3-16 が，完成したマグネチック・ループ・アンテナです．マグネチック・ループ・アンテナを，

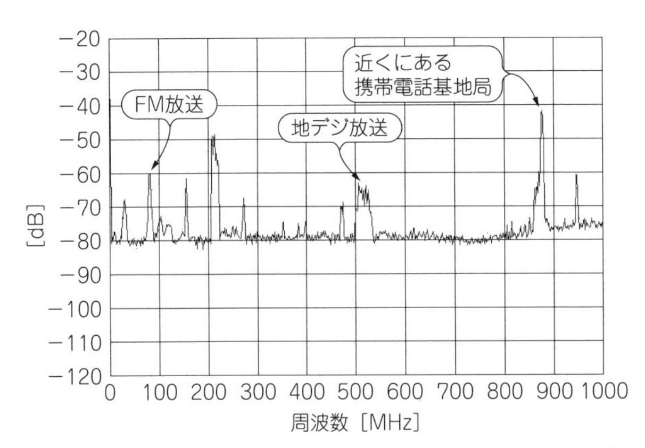

図 3-17　マグネチック・ループ・アンテナの受信周波数特性
スペクトラム・アナライザに接続して広帯域アンテナであることを確かめる

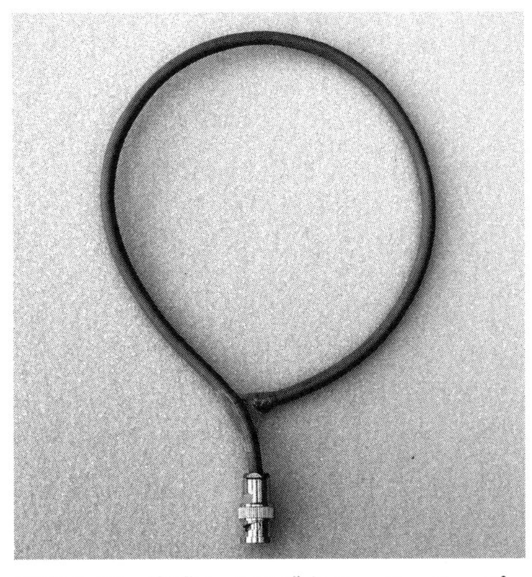

写真 3-16　完成したマグネチック・ループ・アンテナ
同軸ケーブルの接合部を接着剤で固めて，自立しやすくした

第2章で製作したジョイント・ボックスに接続して受信してみました.

家庭内で発生する電界ノイズの影響を受けないので，利得がなくても弱い電波を受信して聞くことができます．弱い電波を受信するためにはアンテナの利得も重要ですが，*S/N* 比(信号 / ノイズ)も重要なファクタになることがわかります.

3-6　アルミ・パイプでマグネチック・ループ・アンテナを作る

マグネッチック・ループ・アンテナは，直径を大きくして開口面積を増やせば利得が上がり，さらに低い周波数帯も受信できるようになります．しかし，同軸ケーブルで製作したループ・アンテナでは，直径を大きくすると自立ができなくなります.

そこで，**写真 3-17** のような，アルミ・パイプをループにして自立できるようにした，アルミ・パイプ製マグネッチック・ループ・アンテナを製作してみます.

●アルミ・パイプ製マグネッチック・ループ・アンテナの製作手順

図 3-18 がアルミ・パイプ製マグネチック・ループ・アンテナの構造図で，**表 3-6** が部品表です．アルミ・パイプと同軸ケーブルの網線が，ループ・アンテナの静電シールドの役目をしています．全体の構造は，**図(a)**のように外径 9mm，内径 7mm，長さ 1m のアルミ・パイプを円形に曲げ，ボックス部で BNC プラグと接続します.

ボックス部で，**図(b)**のようにアルミ・パイプ，アルミ・パイプに通した同軸ケーブルと BNC プラグを接続しています.

それでは，少しだけ力がいるアルミ・パイプの曲げ加工から始めて，マグネチック・ループ・アンテナを製作しましょう.

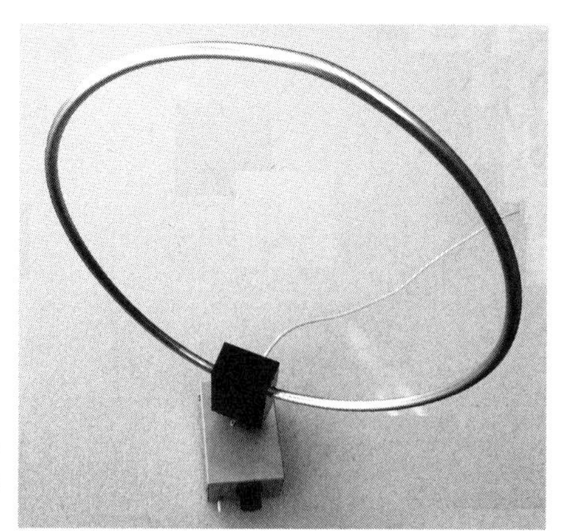

写真 3-17
製作するアルミ製マグネチック・ループ・アンテナ
広帯域アンプ内蔵のジョイント・ボックスに接続して利得不足を補う

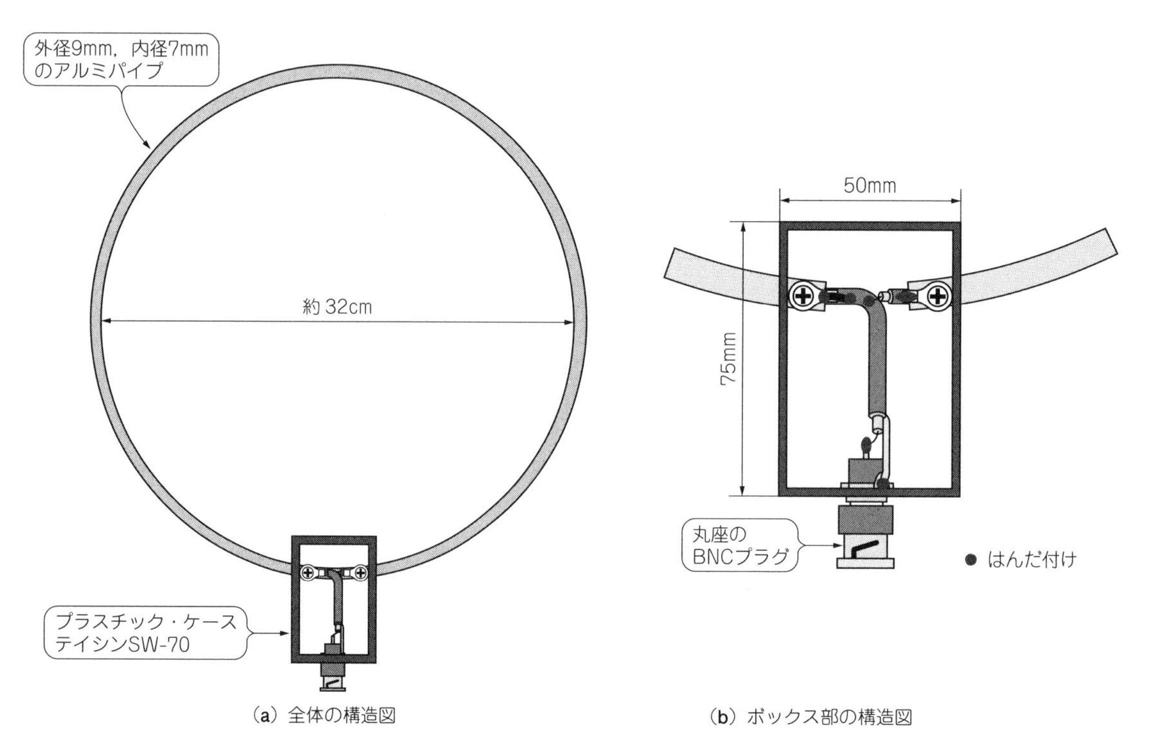

（a）全体の構造図　　（b）ボックス部の構造図

図 3-18　アルミ・パイプ製マグネチック・ループ・アンテナの構造図

表 3-6　アルミ・パイプ製マグネチック・ループ・アンテナの部品表

品　名	型式・仕様	数量	参考単価(円)	備考(購入先など)
アルミパイプ	外径 9mm，内径 7mm，長さ 1m	1	320	外径 8mm，内径 7mm でも可，ホームセンタ
同軸ケーブル	3D-2V または RG58A/U	1.1m	–	–
BNC コネクタのプラグ	丸座，シャーシ取付	1	150	秋月電子通商
プラスチック・ケース	タカチ SW75	1	130	マルツパーツ
ラグ端子	3mm 用	2	–	–
タッピングねじ	直径 3mm，長さ 5mm	2	–	–
ナット	4mm	2	–	スペーサ用

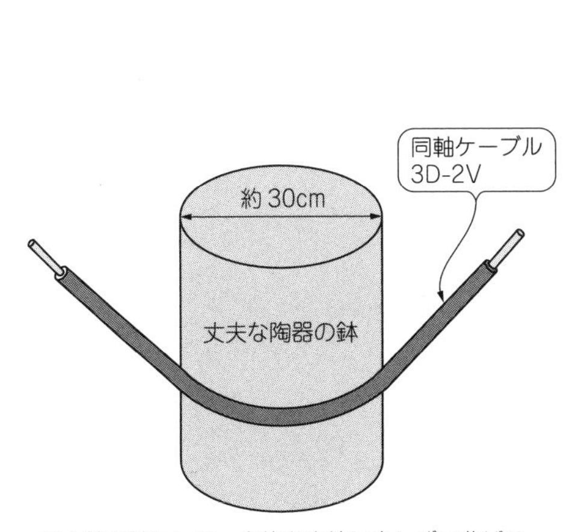

植木鉢を軸にして，全体を均等に少しずつ曲げる．アルミ・パイプに同軸ケーブルを通しているので，パイプはつぶれない

(a) 陶器の植木鉢を軸にする

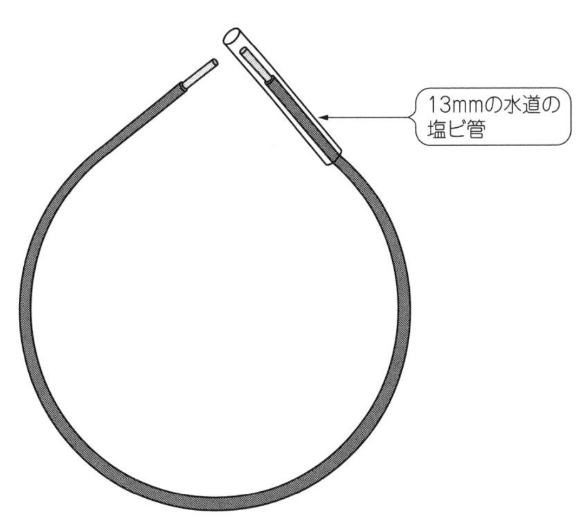

アルミ・パイプの両端は，13mmの水道のパイプを利用して曲げる

(b) アルミ・パイプの両端を曲げる

図3-19　アルミ・パイプをループ状に曲げる

図3-20
同軸ケーブルを加工する
アルミ・パイプの両端から出ている同軸ケーブルの保護皮膜を剥がして網線を出しておく

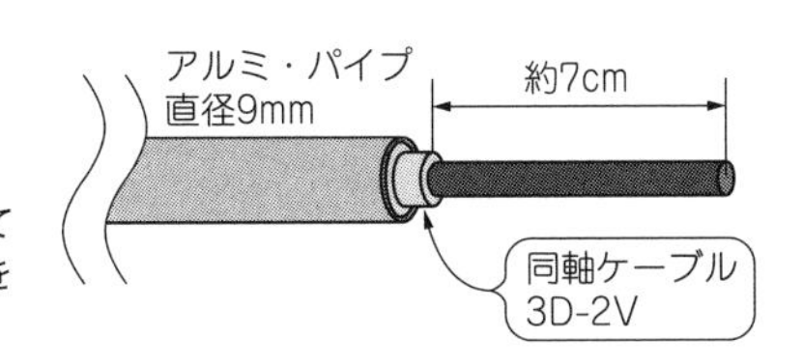

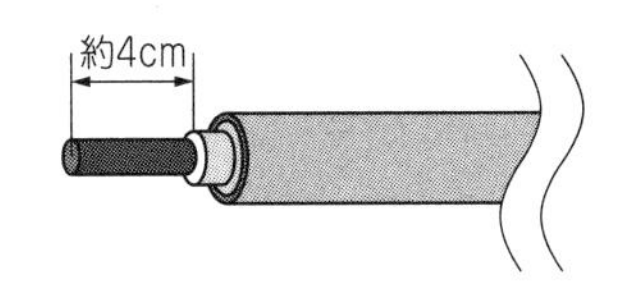

▶アルミ・パイプをループ状に曲げる

アルミ・パイプを曲げようとして力を加えると，たいていはパイプがつぶれてしまいます．パイプの中に砂を入れる方法もありますが，ここでは，ループ・アンテナのエレメントになる同軸ケーブルをアルミ・パイプに入れておくので，パイプつぶさず気持ちよく曲げることができます．

ループにする円柱の軸に，丈夫な陶器製の植木鉢を利用しました．**図3-19(a)**のように，同軸ケーブル3D-2V入りのアルミ・パイプを植木鉢に当て，全体を均等に曲げながら徐々にループの直径を小さくしていきます．アルミ・パイプの端の部分は曲げにくいので，**図(b)**のようにアルミ・パイプを水道用塩ビ管に入れて曲げるようにします．

▶同軸ケーブルとアルミ・パイプの加工

ボックスが小さいので，先に同軸ケーブルを加工します．**図3-20**のように，アルミ・パイプから出ている同軸ケーブルの保護皮膜を剥がし，網線を出しておきます．

また，アルミ・パイプにタッピングねじ用の直径2.5mmの穴を計4カ所あけます．注意して，アルミ・パイプ内の同軸ケーブルの網線部分にキズを付けないようにしてください．

▶ボックスにアルミ・パイプを固定する

図3-21(a)のように，アルミ・パイプとボックスの関係が構造図と反対になるようにして，直径3mmで長さ5mmのタッピングねじで止めます．このとき，スペーサとして4mmのナットを入れ，タッピン

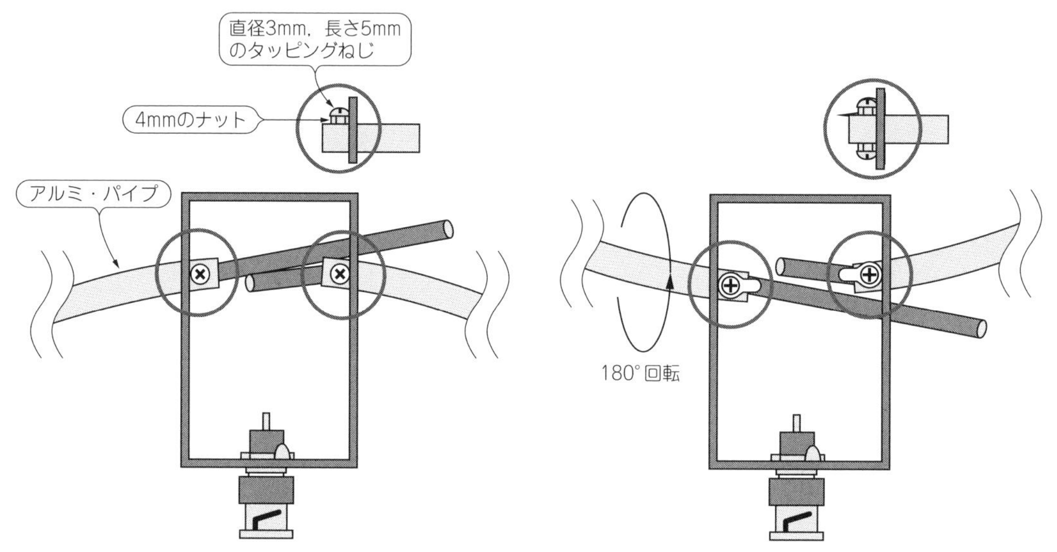

（a）アルミ・ループを反対の下向きにして
タッピングねじ(3×5mm)で締める.
このとき，4mmのナットをスペーサとして入れる

（b）アルミ・ループを180°回転して
タッピングねじでラグ端子とともに締める.
このとき，4mmのナットをスペーサとして入れる

図3-21　ボックスにアルミ・パイプを固定する

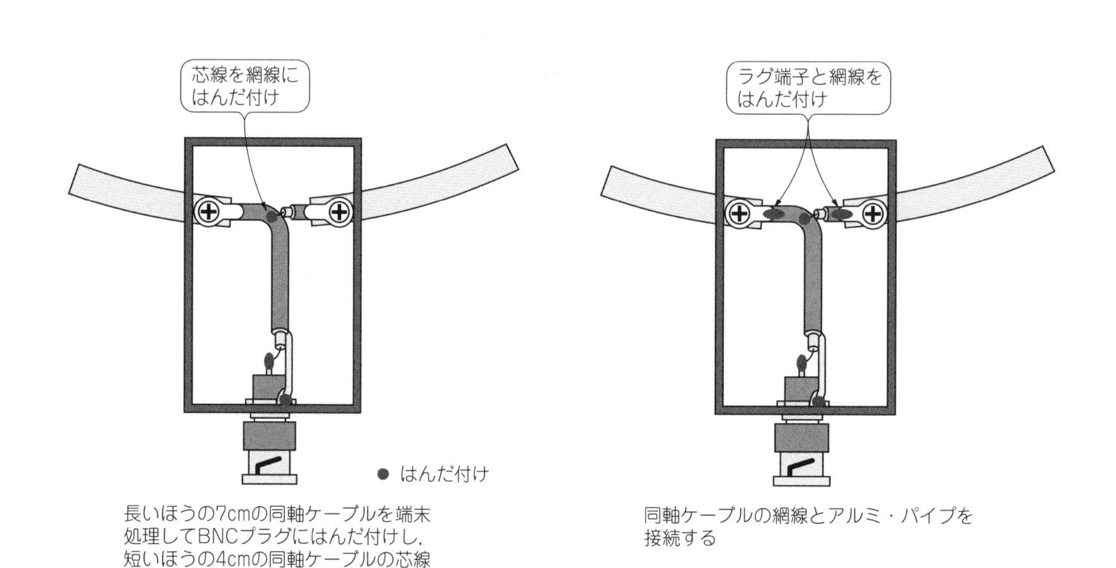

長いほうの7cmの同軸ケーブルを端末
処理してBNCプラグにはんだ付けし，
短いほうの4cmの同軸ケーブルの芯線
を網線にはんだ付けする

（a）同軸ケーブルのはんだ付け

同軸ケーブルの網線とアルミ・パイプを
接続する

（b）アルミ・パイプと網線を接続する

図3-22　同軸ケーブル，BNCジャックとアルミ・パイプの接続

グねじの先がアルミ・パイプから出過ぎないようにします．ねじの先が出過ぎると，同軸ケーブルの誘電体(絶縁体)をキズ付けてしまいます．

次に，**図(b)**のように，ボックスにアルミ・パイプを付けたまま，アルミのループを180°回転させて構造図の形にし，ラグ端子を，4mmのナットとともにタッピングねじでアルミ・パイプに止めます．そして，

Column…3-1 同軸ケーブルにBNCプラグを取り付ける

図3-Aは，同軸ケーブルにBNCプラグを取り付ける加工の手順です．BNCプラグは同軸ケーブルに合わせて選ぶようにします．ここでは，同軸ケーブルを3D-2Vとしたので，BNCプラグも3D-2V用です．

まず，同軸ケーブルの保護被膜に，図(a)のようにカッターナイフで一周するように切り込みを入れます．そして，図(b)のように保護被膜を取って外部導体の網線を露出させます．

次ぎに，図(c)のように同軸ケーブルにBNCプラグのねじ，ワッシャ，ゴム，金属の傘の順に通し，同軸ケーブルの端を加工します．網線の長さは1～2mmとし，金属の傘に折り返すようにします．また，誘電体(絶縁体)の長さを3mm，芯線(導体)の長さを4mmに加工します．

4mmの芯線は，図(d)のようにピンの中心の穴に通してから，ピンの横の穴にはんだを流し込むようにして同軸ケーブルの芯線とピンをはんだ付けします．

ピンをはんだ付け加工した同軸ケーブルを，図(e)のようにねじをBNCのボディ(本体)に締め込みます．ねじは最初に手で締めてから，スパナと先の細いラジオ・ペンチで締め付けて固定します．

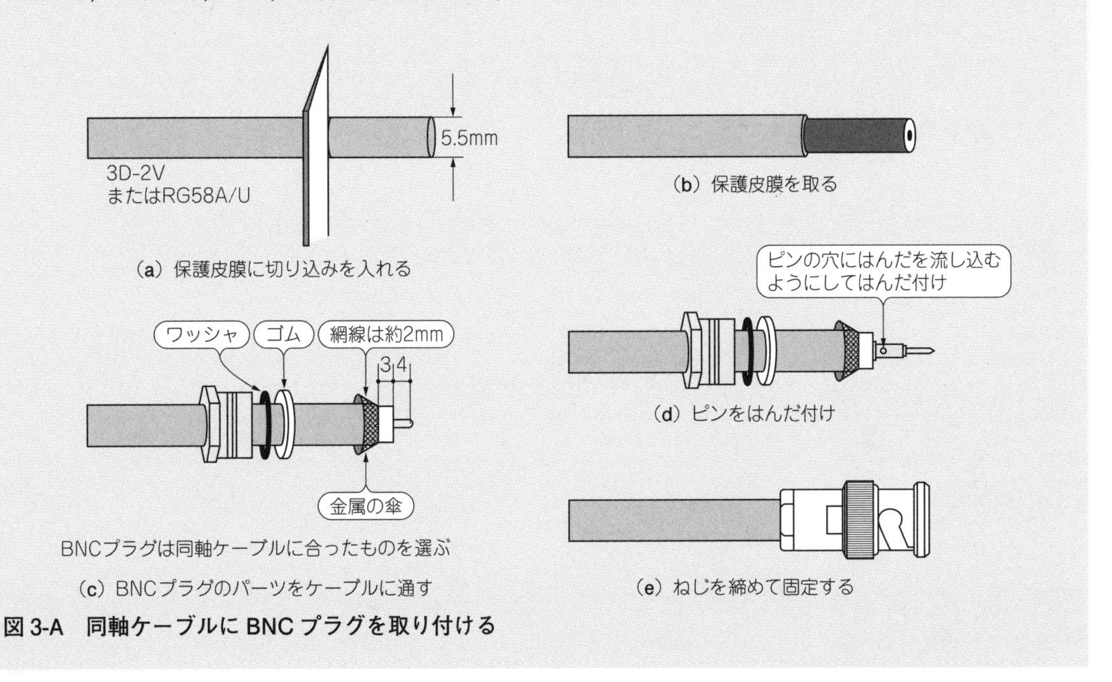

図3-A 同軸ケーブルにBNCプラグを取り付ける

2液混合タイプのエポキシ接着剤で，タッピングねじとボックスを固定すれば，アルミ・パイプがぐらつくことはありません．

▶ボックスにBNCジャックを取り付けてはんだ付け

ボックスに丸座ケース用のBNCジャックを取り付ます．そして，**図3-22**(a)のように長いほうの7cmの同軸ケーブルの端末処理して，BNCジャックにハンダ付けします．次に，短いほうの4cmの同軸ケーブルの芯線を長いほうの網線にはんだ付けします．

アルミ・パイプと同軸ケーブルの網線の接続は，**図**(b)のようにラグ端子に直接網線をはんだ付けして完成です．

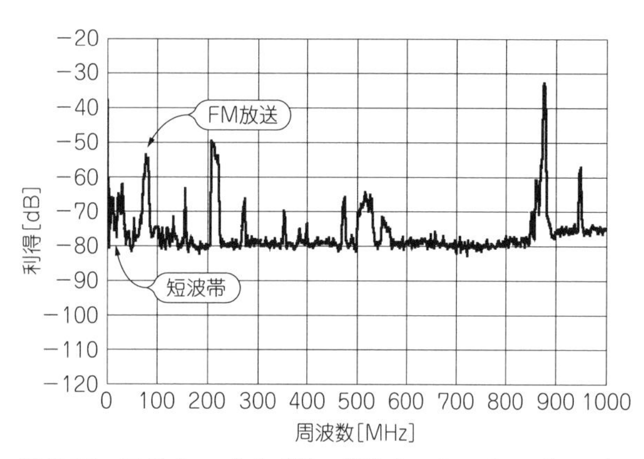

図3-23　アルミ・パイプ製マグネチック・ループ・アンテナで受信してみたようす

写真3-18　完成したアルミ製マグネチック・ループ・アンテナ
アルミ・パイプで製作したので直径30cmでも自立する

●アルミ・パイプ製マグネチック・ループ・アンテナの受信周波数

図3-23は，完成したアルミ・パイプ製マグネチック・ループ・アンテナで捉えた受信電波のようすです．

直径30cmと直径15cmのループ・アンテナを比べてみると，直径30cmのループ・アンテナのほうが利得が高くなっています．たとえばFM放送波のデータから，直径15cmのアンテナの−60dBに対して直径の30cmアンテナでは−54dB，つまり6dB高い利得になっています．

また，短波帯の電波も捉えていることから，短波の受信アンテナとして使えることがわかりました．

●完成したアルミ・パイプ製マグネチック・ループ・アンテナを使う

写真3-18は，完成したアルミ・パイプ製マグネチック・ループ・アンテナです．広帯域アンプ内蔵のジョイント・ボックスに，アンテナを接続して受信してみました．

アルミ・パイプの静電シールドの効果なのか，同軸ケーブルのマグネチック・ループ・アンテナよりノイズが減りました．

[第4章] アルミ・パイプで頑丈に作る屋外用アンテナ

広帯域受信ができる屋外アンテナの製作

手間と費用がかかりますが，屋外アンテナは広帯域アンプで増幅するのと同等以上の効果が期待できます．室内アンテナでは捉えられなかった微弱な電波を狙ってみましょう．

アンテナの理想の設置場所は，屋外で周りに障害物になる建物もなく，高さのある，いわゆるロケーションの良い場所ですが，大がかりになり費用もかかります．

ここで製作する屋外アンテナは，簡単に設置できることをポイントにして，ベランダに置いたり，ポールに取り付けて窓から突き出したりして使用することを前提に設計した広帯域受信アンテナです．ちょっとした室内スペースがあれば，室内アンテナとすることもできます．

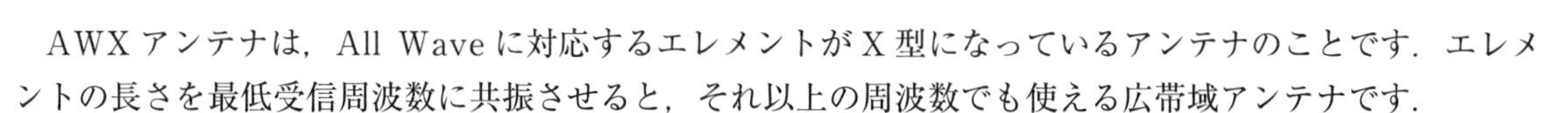

4-1　アルミ・パイプを使ったAWXアンテナを作る

AWXアンテナは，All Waveに対応するエレメントがX型になっているアンテナのことです．エレメントの長さを最低受信周波数に共振させると，それ以上の周波数でも使える広帯域アンテナです．

それでは，**写真4-1**のような，最低共振周波数118MHzのAWXアンテナを製作してみましょう．

写真4-1
製作するAWXアンテナ

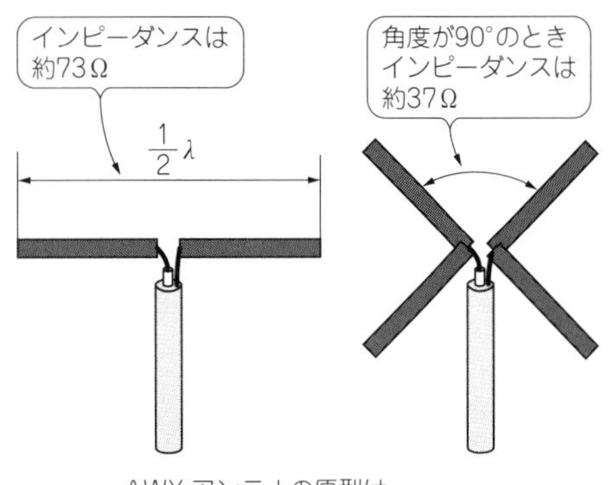

(a) 水平偏波のAWXアンテナ

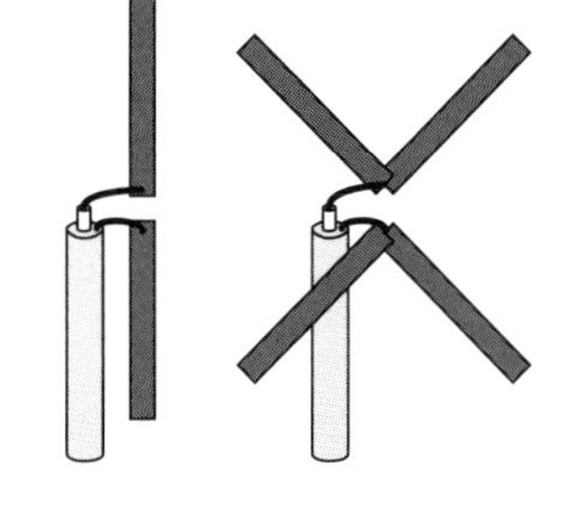

(b) 垂直偏波のAWXアンテナ

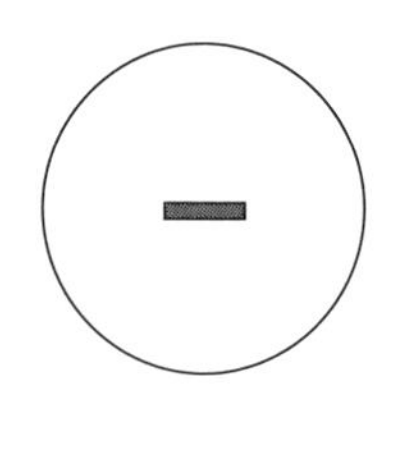

(c) 垂直偏波の指向性

図4-1 AWXアンテナとは

●AWXアンテナとは

AWXアンテナの原型は，半波長ダイポール・アンテナと考えることができます．**図4-1(a)**は，水平偏波の半波長ダイポール・アンテナを原型にしたAWXアンテナです．AWXアンテナは，半波長ダイポール・アンテナのエレメントを2本にして，エレメントの角度を広げていった形となります．半波長ダイポール・アンテナのインピーダンスは約73Ωですが，エレメントを90°にしたAWXアンテナでは，約37Ωになります．

また**図(b)**は，垂直偏波のダイポール・アンテナとAWXアンテナです．垂直偏波のときの指向性は，**図(c)**のように無指向性なので，ここでは垂直偏波のAWXアンテナを製作することにします．

●最低共振周波数からエレメント長を求める

図4-2が製作するAWXアンテナの概要です．取り付け用の樹脂製の板に，エレメントにするアルミ・パイプをタッピングねじで止めている構造です．

AWXアンテナの最低共振周波数fを，エア・バンドの周波数をカバーできるように，

$$f = 118[\mathrm{MHz}]$$

として，エレメントの長さを求めてみます．

最低共振周波数$f = 118[\mathrm{MHz}]$として波長λを求めると，

$$\lambda = \frac{c}{f} = \frac{3\times10^8}{118\times10^8} \fallingdotseq 2.54[\mathrm{m}]$$

エレメントの長さは$\frac{1}{4}\lambda$になるので，

$$\lambda = 0.635\mathrm{m} = 63.5[\mathrm{cm}]$$

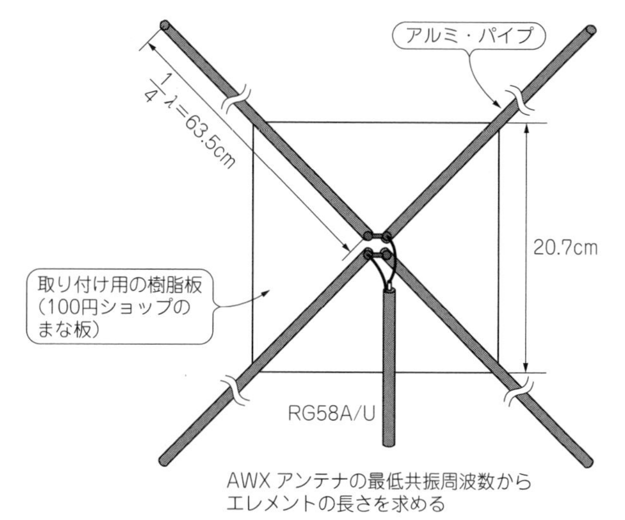

図 4-2　AWX アンテナの概要

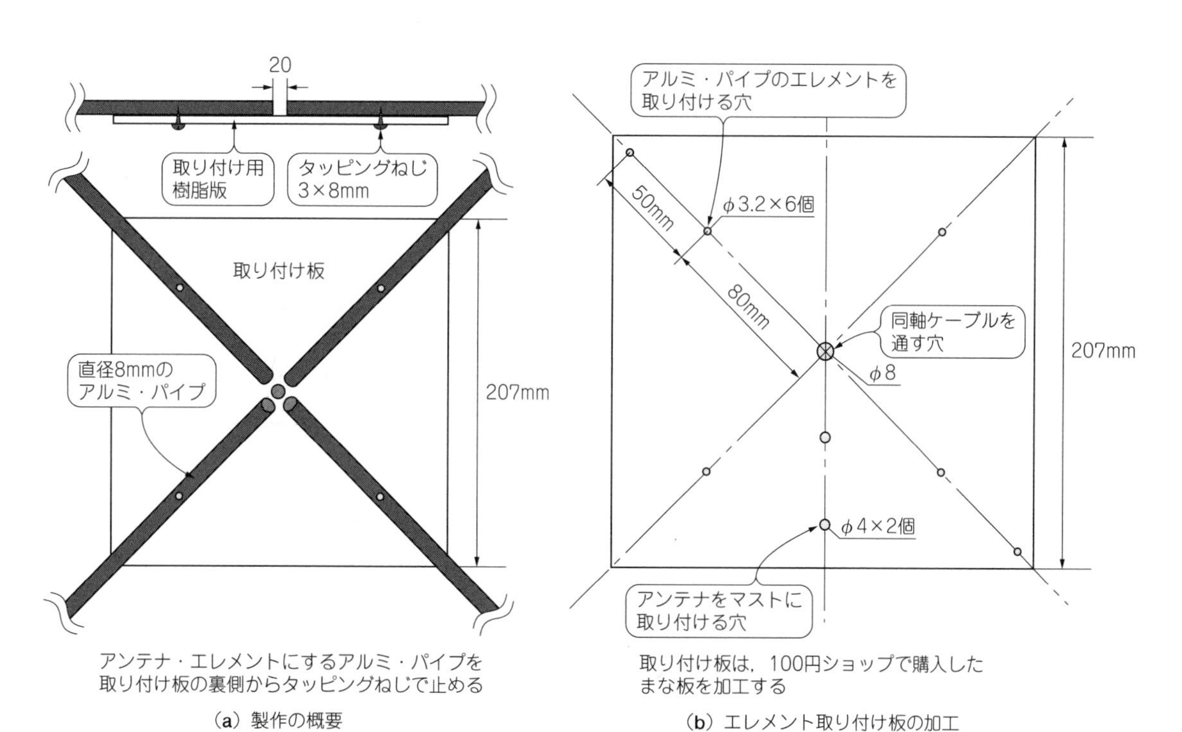

(a) 製作の概要　(b) エレメント取り付け板の加工

図 4-3　AWX アンテナの製作図

● AWX アンテナの製作手順

図 4-3 は，AWX アンテナの製作図で，**表 4-1** は，製作に必要な部品表です．エレメントの角度を 90 度にしたので，インピーダンスは，約 37Ω になります．同軸ケーブルを，50Ω 系の 3D-2V，または RG58A/U とすると，*SWR* は 1.35(*SWR* = 50/37)ですが，受信用アンテナなので良しとします．

表 4-1　AWX アンテナの部品表

品　名	型式・仕様	数量	参考単価(円)	備考(購入先など)
アルミ・パイプ	外径 8mm，内径 6mm，長さ 1m	2	300	外径 9mm，内径 7mm でも可，ホームセンター
アルミ・パイプ	外径 6mm，内径 4mm，長さ 1m	1	280	外形が 9mm のアルミ・パイプなら外形 7mm でも可
樹脂製の板	200×200mm 程度	1	108	100 円ショップのスリムまな板 (305×207×3mm)
同軸ケーブル	RG58A/U	5m	100	または 3D-2V，長さは必要に応じて
BNC コネクタのプラグ	RG58 用	1	100	秋月電子通商(3D-2V のときは 3D-2V 用)
圧着端子	R2-3.5	6	－	穴の直径が 3.2 ～ 3.8mm
タッピングねじ	直径 3mm，長さ 8mm	18	－	－
ビス・ナット	4×30mm	2	－	マスト取り付け用
マスト	水道 VP 管，呼び径 16	1m	200	外形 22mm 内径 16mm

写真 4-2
エレメント取り付け板にするまな板
100 円ショップの樹脂製のまな板をカットして使う

▶エレメント取り付け板を加工する

エレメント取り付け板には，**写真 4-2** のような，100 円ショップで販売されている樹脂製のまな板を利用しました．サイズは，305×207mm の厚さ 3mm なので，カッターナイフで両面にキズを付け，207×207mm の正方形にカットします．

次に**図 4-3**(**b**)のように，中心に同軸ケーブルを通す穴，エレメントを固定する穴とアンテナ・マストを固定する穴をあけます．

▶アルミ・パイプを加工する

図 4-4(**a**)のように，直径 8mm と 6mm のアルミ・パイプを切断して，直径 8mm，長さ 50cm を 4 本，直径 6mm，長さ 25cm を 4 本準備します．

切断方法は，パイプ・カッターが便利ですが，**写真 4-3** のように，アルミ・パイプにカッターナイフで切り込みを入れて，少しの力で折り曲げることでも，切断が可能です．台の上でアルミ・パイプにカッターナイフを当てて，押さえつけるように転がすと，パイプの周囲に切り込みができます．切り込みができたら，**写真**(**b**)のように曲げるとパイプが折れます．

次に，長さ 63.5cm のエレメントにするために，**図**(**b**)のように 8mm のアルミ・パイプに 6mm のアルミ・パイプを差し込み，タッピングねじ(ϕ3×8mm)でパイプを接続します．

このとき，タッピングねじで止める箇所を 2 か所以上にして，アルミ・パイプを電気的に接続します．

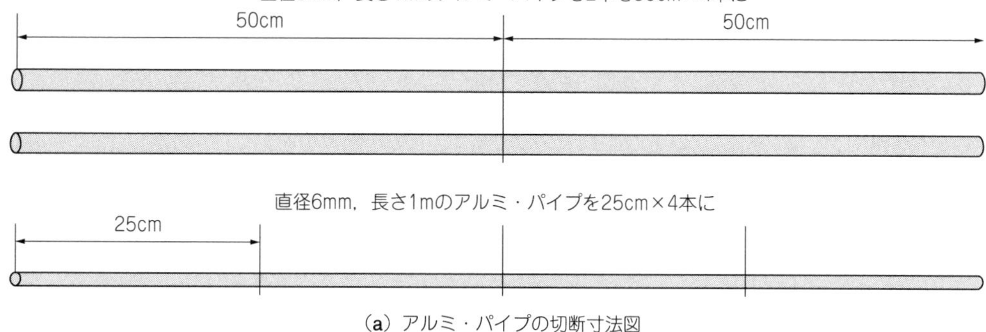

（a）アルミ・パイプの切断寸法図

63.5cm
13.5cm
50cm
φ6
φ8
タッピングねじ(3×8mm)で
2か所以上を止める

（b）直径 8mm と 6mm のアルミ・パイプを接続する

図 4-4　アルミ・パイプを加工する

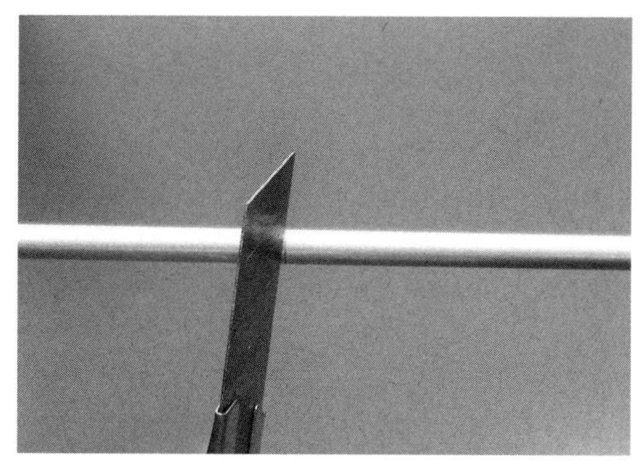

台の上でカッターナイフをあて，転がすようにして周りに切り込みを入れる

（a）アルミ・パイプに切り込みを入れる

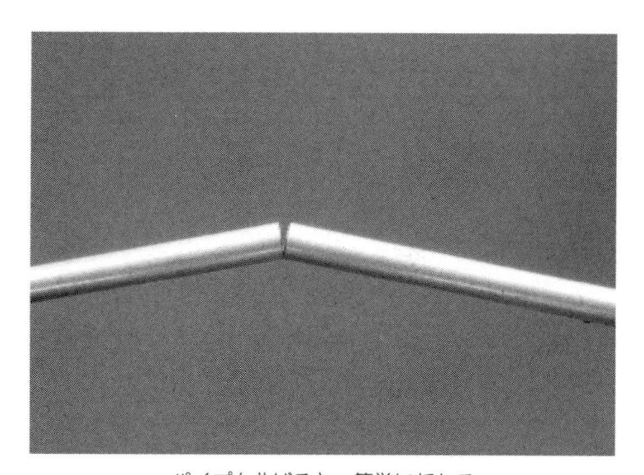

パイプを曲げると，簡単に折れる

（b）パイプを折り曲げる

写真 4-3　アルミ・パイプの切断

▶アルミ・パイプのエレメントを取り付けて接続する

取り付け板の裏側から，タッピングねじ(φ3×8mm) 6本を通して，長さ63.5cmのエレメント4本を取り付けます．

まず，**写真 4-4**(a)のようなエレメント接続用に圧着端子2個をはんだ付けしたものを作り，**写真**(b)のように，同軸ケーブルに圧着端子をはんだ付けしておきます．

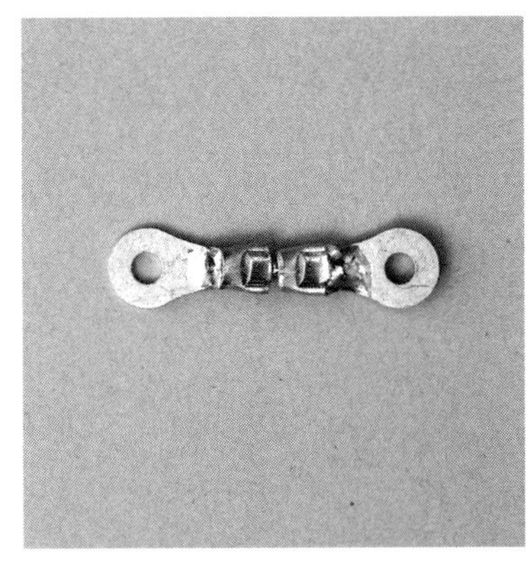
(a) 2個圧着端子をはんだ付けする

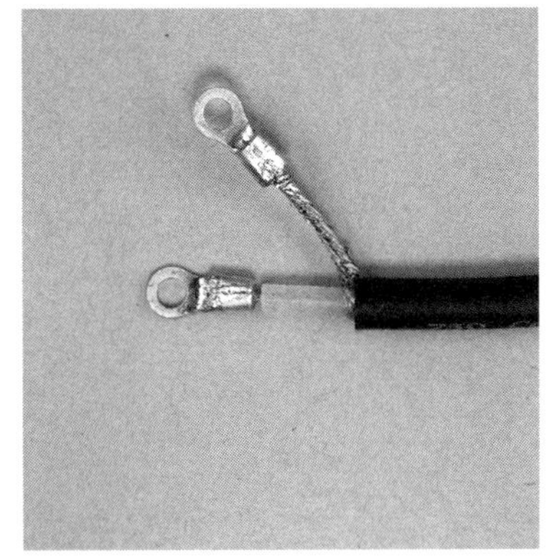
(b) 同軸ケーブルに圧着端子を取り付ける

(c) エレメントを取り付けて同軸ケーブルを取り付ける

写真 4-4　エレメントの取り付け

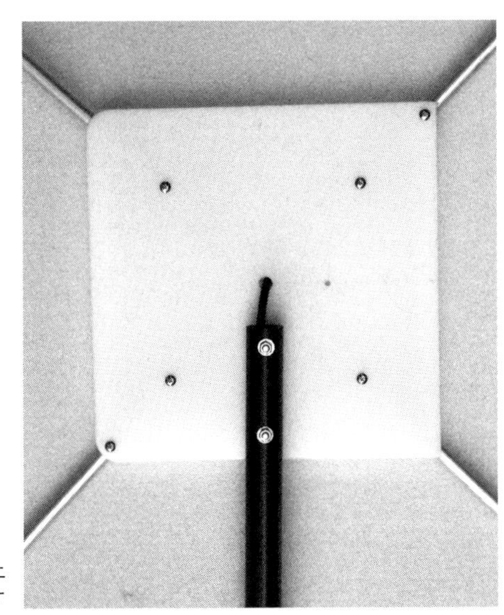
写真 4-5
マストの取り付け
アンテナを取り付けた板をマストにねじ止めする．同軸ケーブルはマストの中を通す

そして**写真(c)**のように，エレメント接続用の圧着端子と同軸ケーブルの圧着端子を上側のエレメント2本をタッピングねじで止めて接続します．同じように，下側のエレメント2本も接続します．

また屋外で使うので，ケーブルの接続部などをコーキングで防水処理しておきます．

▶エレメント取り付け板にマストをねじ止めする

写真 4-5のように，4mmのビス・ナットで取り付け板をマストをねじ止めします．マストは，水道管の呼び径16のVP管(肉厚管：外径22mm内径16mm)とし，水道管の中に同軸ケーブルを通しています．またケーブルの先にはBNCプラグを取り付けました．

● AWXアンテナで電波を捉えてみる

製作したAWXアンテナを屋外に設置し，スペクトラム・アナライザに接続して，電波を捉えてみま

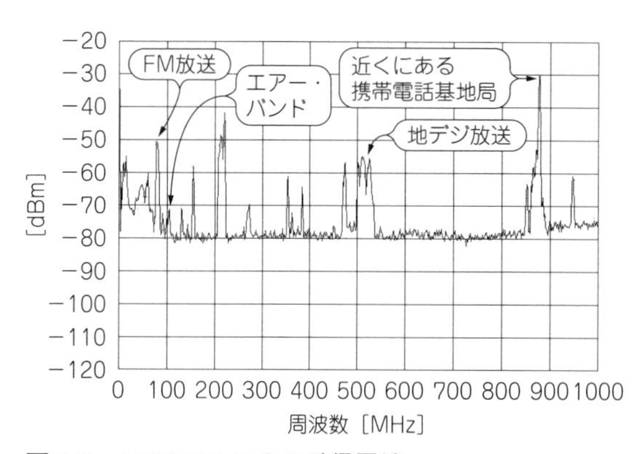

図 4-5　AWX アンテナの受信電波
AWX アンテナをスペクトラム・アナライザに接続して電波を捉えてみた

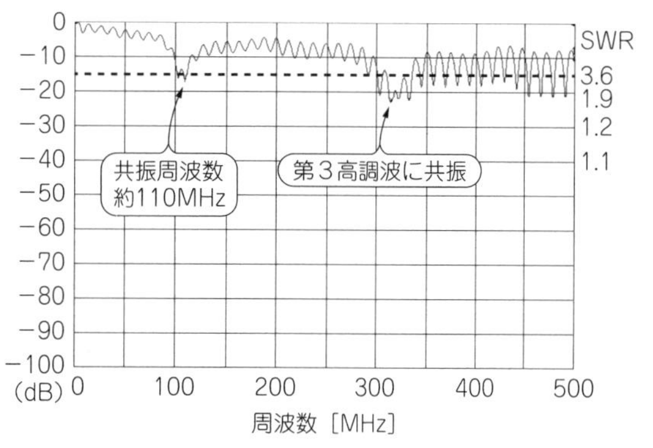

図 4-6　AWX アンテナの共振特性
スペアナとリターン・ロス・ブリッジで測定した．共振周波数の 110MHz では *SWR* ≒ 1.4 になった

した．

図 4-5 が，AWX アンテナで受信した 1GHz までの電波です．VHF 帯では，電波が強い FM 放送波や，エア・バンドの電波が確認できます．また UHF 帯では，地デジ放送や携帯電話の基地局の電波を捉えています．

●完成した AWX アンテナの共振特性

図 4-6 は，AWX アンテナの共振特性です．スペアナにリターン・ロス・ブリッジを接続して測定しました．手作りのリターン・ロス・ブリッジなのでデータは参考程度にしかなりませんが，反射波の信号レベルから *SWR* を算出すると，共振周波数約 110MHz で，*SWR* ≒ 1.4 になりました．

4-2　ディスコーン・アンテナを作る

ディスコーン・アンテナ(discone antenna)は，上部のディスク(円盤)と下のコーン(円錐)という構造からディスコーンと呼ばれ，超広帯域アンテナとして知られています．その反面，ディスクやコーンの製作が難しいことや，設置したときに受ける風圧が問題になります．

ここで製作するディスコーン・アンテナは，**写真 4-6** のように，ディスクとコーンをアルミ棒で構成して製作しやすくし，また風圧面積も小さくなっています．最低受信周波数は，アンテナの小型化にポイントをおき，120MHz としました．

●ディスコーン・アンテナとは

ディスコーン・アンテナは，半波長ダイポール・アンテナを原型にして変形したアンテナです．**図 4-7(a)** の半波長ダイポール・アンテナのエレメントを円錐状にしたアンテナが，**図(b)** のバイコニカル・アンテナ(biconical antenna)です．バイコニカル・アンテナは，超広帯域のアンテナとして知られており，電波監視システムにも使われています．

このバイコニカル・アンテナの円錐を一つにして，一方を円盤にしたアンテナが，**図(c)** のディスコー

写真 4-6
製作するディスコーン・アンテナ

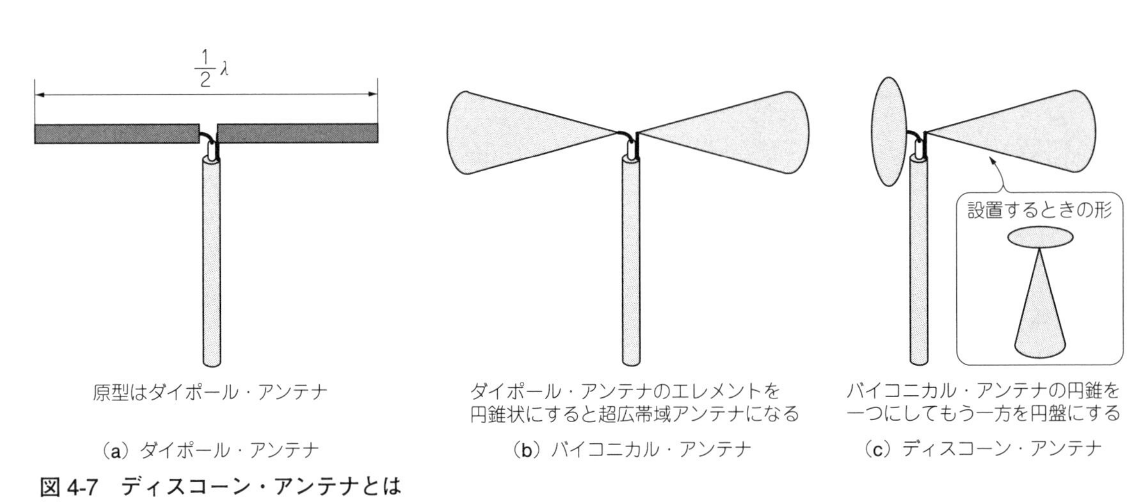

図 4-7　ディスコーン・アンテナとは

ン・アンテナです．円錐を円盤にすることで，アンテナの長さが1/2とコンパクトになります．

設置するときは90°回した形にするので，垂直偏波になり，垂直偏波のダイポール・アンテナが無指向性だったように，当然，ディスコーン・アンテナも無指向性になります．

●最低受信周波数からディスクとコーンの大きさを求める

図 4-8 は，ディスコーン・アンテナの概要です．受信周波数の下限になる最低受信周波数 f を 120MHz として，波長 λ からディスクの直径 D を求めてみます．受信用のディスコーン・アンテナでは，$D \geqq 0.15\lambda$ とすることから，

$$D = 0.15\lambda = 0.15\frac{c}{f} = \frac{0.15 \times 3 \times 10^8}{120 \times 10^6} = 0.375[\mathrm{m}] = 375[\mathrm{mm}]$$

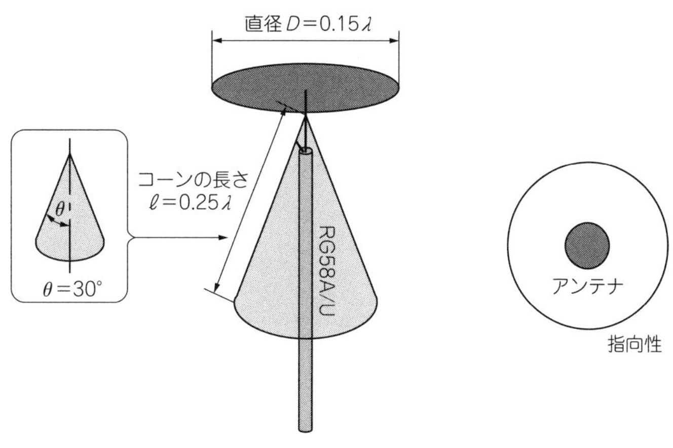

最低受信周波数最低の波長をλとすると，$D \geqq 0.15\lambda$，$\ell \geqq 0.25\lambda$にする

f=120MHzとすると，λ=2.5mなので，

$D=0.15\lambda=0.375\text{mm}=375\text{mm}$

$\ell=0.25\lambda=0.625\text{mm}=625\text{mm}$

(a) 受信周波数と形状

水平面は無指向性

(b) 指向性

図 4-8
ディスコーン・アンテナの概要

同じように，波長λからコーンの長さℓを求めてみます．受信用のディスコーン・アンテナでは，$\ell \geqq 0.25\lambda$とすることから，

$$\ell = 0.25\lambda = 0.25\frac{c}{f} = \frac{0.25 \times 3 \times 10^8}{120 \times 10^6} = 0.625[\text{m}] = 625[\text{mm}]$$

またコーンの円錐角は30°にします．

●ディスクの製作手順

ディスコーン・アンテナは，ディスクとコーンを別々に製作し，あとから合体させることにします．

図 4-9 は，ディスクの製作図で，**表 4-2** はディスクとコーン，つまり，ディスコーン・アンテナの製作に必要な部品表です．**図(a)** のディスクの構造のように，ディスクに見立てたアルミ丸棒の両端は，395mmとしたので，計算で求めたD = 375mmより大きな直径となります．

▶アルミ板の加工

大きさが100mm×100mmで，厚さ1mmのアルミ板をベースに，長さ170mm，直径3mmのアルミ丸棒を取り付けます．

図(b) のように，アルミ板の中心にコーンと合体させるときに必要な，直径4mmのねじ穴をあけます．そして中心から20mmのところに，ディスクになるアルミ丸棒をねじ止めする直径4mmの穴を8個あけます．

▶アルミ丸棒の加工

アルミ丸棒は，直径3mmで長さ1mのものを4本用意します．4本とも **図(c)** のように切断すると，ディ

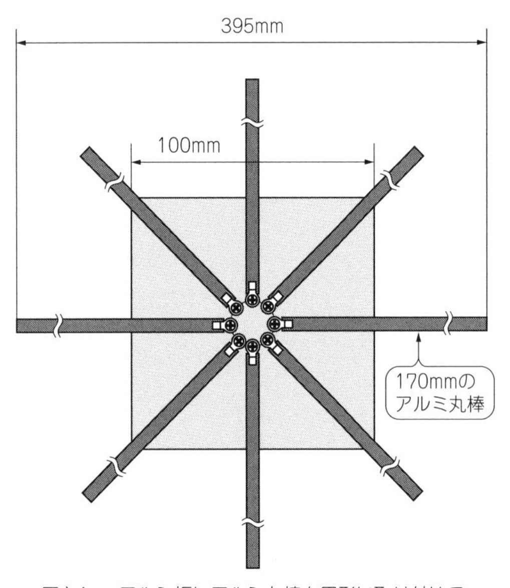

厚さ1mmアルミ板にアルミ丸棒を円形に取り付けて
ディスクと見なしている

(a) ディスクの構造

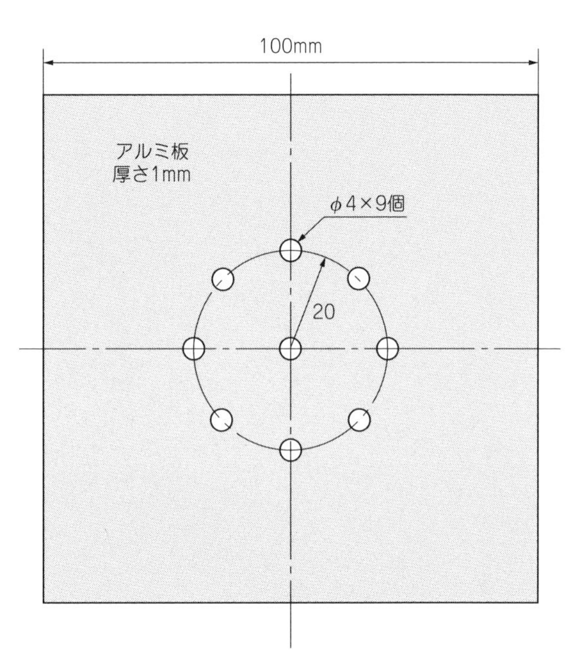

(b) ディスク用のアルミ板の加工

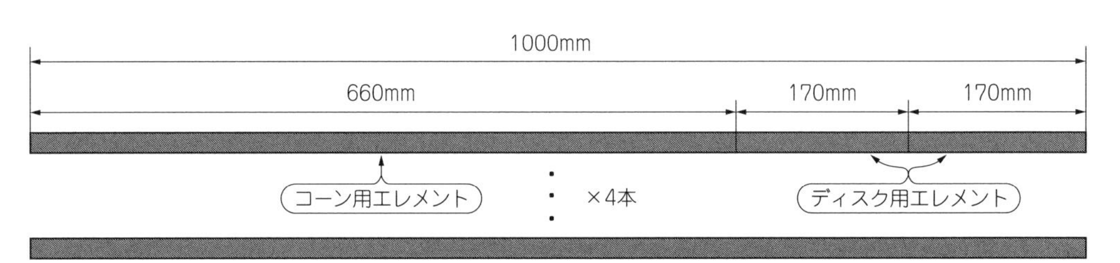

長さ1mのアルミ丸棒4本を切断して，ディスク用丸棒8本とコーン用丸棒4本にする

(c) アルミ丸棒の切断

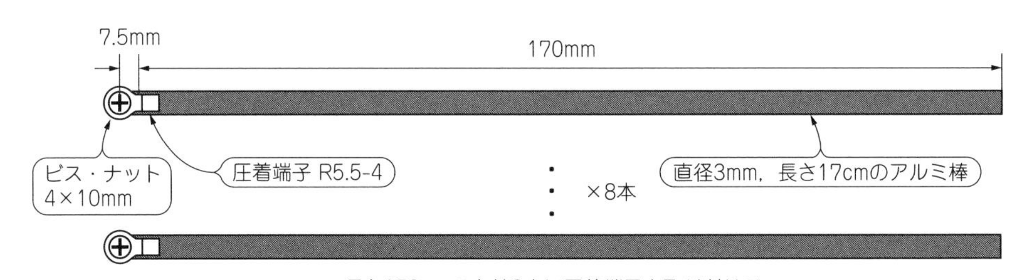

長さ170mmの丸棒8本に圧着端子を取り付ける

(d) ディスク用アルミ丸棒と圧着端子の加工

図 4-9　ディスクの製作図

スクにする170mmのアルミ丸棒を8本と，コーンにする660mmの4本になります．

アルミ丸棒の先に，圧着端子 R5.5-4 を，**写真 4-7**(**a**)のように圧着ペンチまたはペンチやバイスでかしめて，取り付けます．鉄製の台の上に置いて，ハンマーでたたいて締めることもできます．

表 4-2　ディスコーン・アンテナの部品表

品　名	型式・仕様	数量	参考単価(円)	備考(購入先など)
アルミ丸棒	直径 3mm，長さ 1m	4	100	−
アルミ板	10×10cm　厚さ 1mm	1	−	10×30cm で 300 円
アルミ板	3×12cm　厚さ 0.3mm	1	−	20×20cm で 108 円，100 円ショップ
同軸ケーブル	RG58A/U	3m	500	または 3D-2V，長さは必要に応じて
BNC コネクタのプラグ	RG58 用	1	100	秋月電子通商(3D-2V の時は 3D-2V 用)
圧着端子	R5.5-4	14	−	−
ビス・ナット	φ4×10mm	8	−	ディスク用アルミ丸棒取り付け用
ビス・ナット	φ4×15mm	5	−	φ4×20mm でも可
スプリング・ワッシャ	4mm 用	13	−	−
タッピングねじ	直径 3mm，長さ 8mm	2	−	コーン用アルミ板の取り付け用
水道用止水キャップ	呼び径 20mm 用	1	60	−
マスト	水道 VP 管，呼び径 20mm 用	1m	200	外形 26mm 内径 20mm

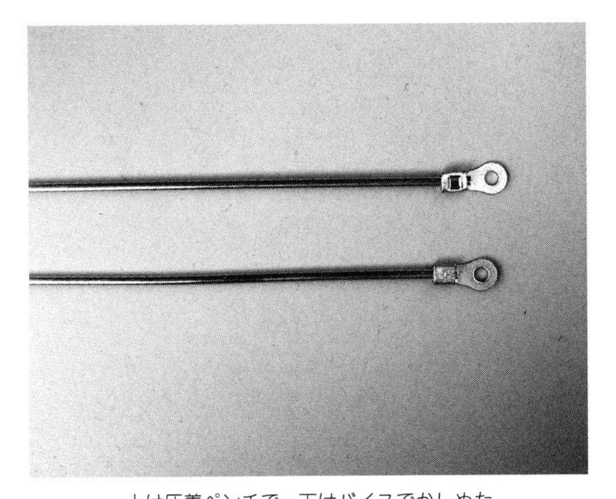

上は圧着ペンチで，下はバイスでかしめた

(a) アルミ丸棒に圧着端子を取り付ける

圧着端子をφ4×10mm のビス・ナットでねじ止め

(b) アルミ板にアルミ丸棒をねじ止め

写真 4-7　ディスクの製作

▶アルミ板にディスクにするアルミ丸棒をねじ止めする

写真(b)のように，ビス・ナット φ4×10mm でアルミ丸棒の圧着端子を取り付けます．ゆるまないようにスプリング・ワッシャを入れておくとよいでしょう．

●コーンの製作手順

図 4-10 はコーンの製作図です．**図**(a)のコーンの構造のように，外径 32mm の水道用止水キャップに長さ 660mm のアルミ丸棒 4 本を取り付けてコーンに見立てています．

▶水道用止水キャップの加工

図(b)のように，水道用止水キャップに，30mm×120mm で厚さ 0.3mm のアルミ板を巻き付けます．そして**写真 4-8** のように，アルミ板の重なる部分の 2 カ所をタッピングねじで止めておきます．次に止水キャップに，コーンになるアルミ丸棒をねじ止めする直径 4mm の穴を 4 カ所にあけます．

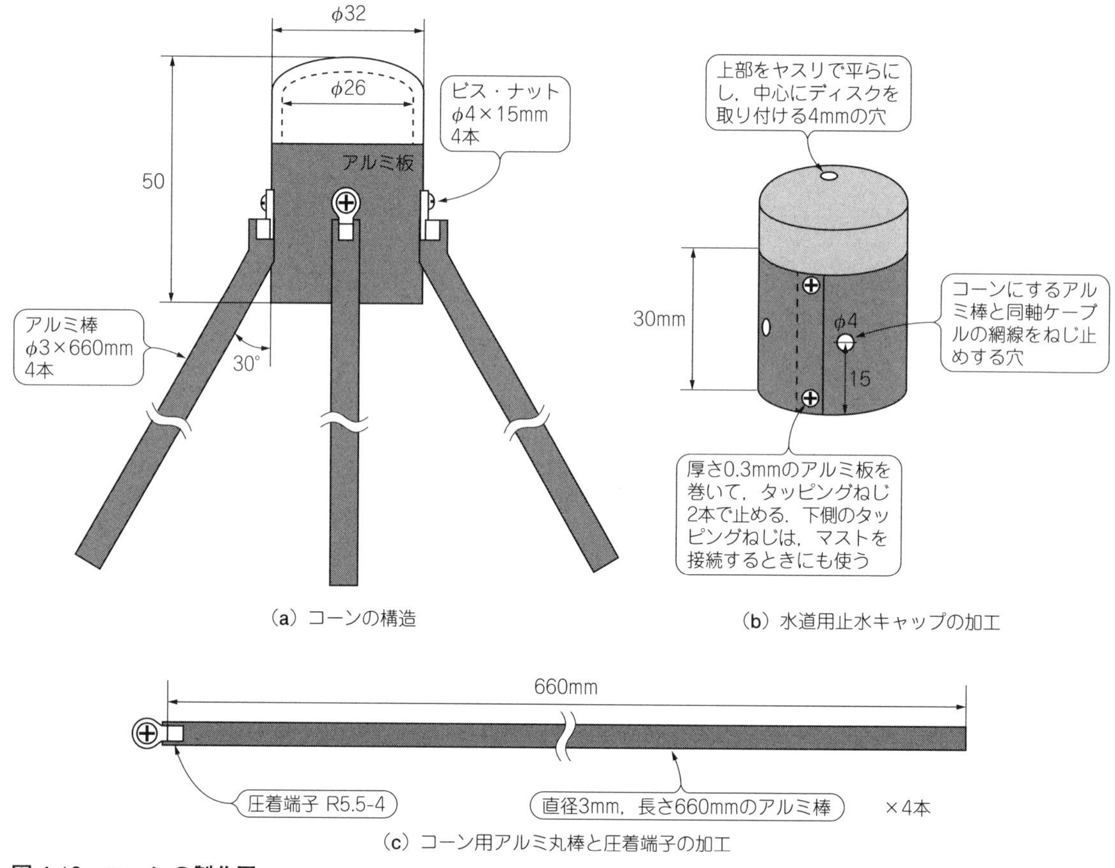

図 4-10　コーンの製作図

▶コーンにするアルミ丸棒の加工

図 4-10(c)のように，長さ 660mm の丸棒 4 本に圧着端子，R5.5-4 を取り付けます．アルミ丸棒は根本で 30° 曲げることになりますが，組み立てて最後に曲げてもかまいません．

●ディスコーン・アンテナを組み立てる

▶ディスクとコーンを水道用止水キャップに取り付ける

φ4×20mm のビス・ナットで止水キャップにディスクをねじ止めします．そして**写真 4-9** のように，φ4×10mm のビス・ナットでコーンになるアルミ丸棒の圧着端子をねじ止めし，根本から曲げて，コーンの角度が 30° になるようにします．

▶ディスクとコーンに同軸ケーブルを接続する

同軸ケーブルに圧着端子を取り付けておき，**図 4-11** のように芯線をディスクに，外部導体(網線)をコーンにナットで止めます．そして同軸ケーブルをマストにする外径 26mm の水道パイプに通して完成です．

●ディスコーン・アンテナで電波を捉えてみる

製作したディスコーン・アンテナを屋外に設置して，スペクトラム・アナライザに接続して 1GHz まで

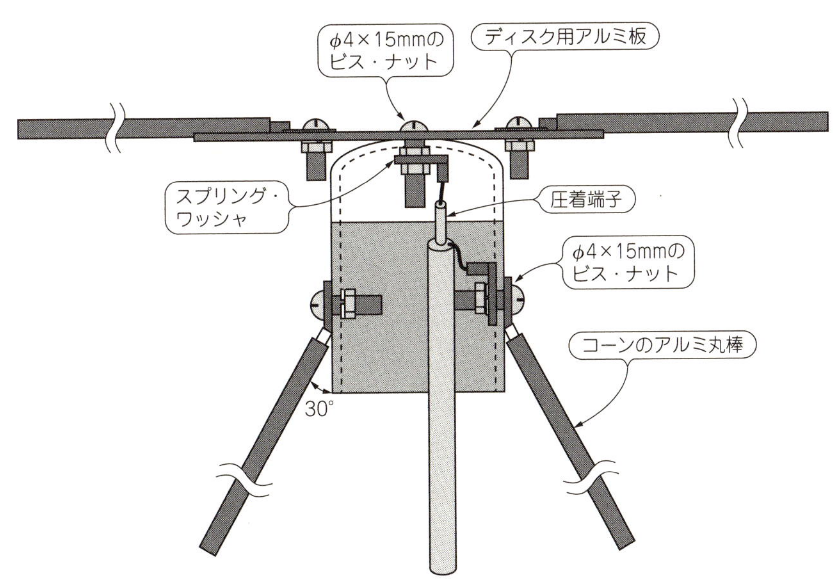

図 4-11
ディスクとコーンに同軸ケーブルを接続する

圧着端子でかしめた後はんだ付けしておき，芯線をディスクに
外部導体（網線）をコーンに接続する

写真 4-8　止水キャップの加工
止水キャップに厚さ3mmのアルミ板を巻き付けて，コーンになるアルミ丸棒を電気的に接続する

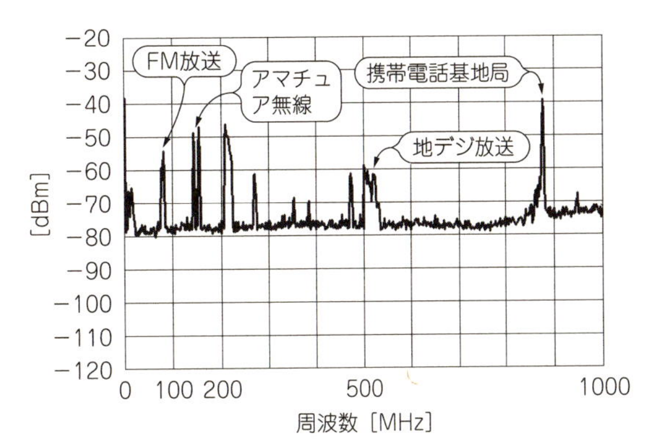

図 4-12　ディスコーン・アンテナの受信電波

の電波を捉えてみました．超広帯域受信に対応できるアンテナとして動作が確認できます．利得は期待できませんが，広帯域受信に便利な小型アンテナといえます．

[第5章] 短波帯の受信にチャレンジ

ソフトウェア・ラジオの機能を広げる機器の製作

USBドングル単体で受信できるのは，VHF～UHF帯ですが，周波数を変換するHFコンバータを作り，海外放送がたくさん放送されているHF(短波)帯を受信してみましょう．

短波帯を受信する周波数コンバータ(以下HFコンバータと呼ぶ)と短波帯のアンテナや，アンテナと受信機の間にアンテナ・カップラを製作して，ソフトウェア・ラジオの機能を広げてみます．

5-1 HFコンバータを作る

TVチューナ用USBドングルを利用したソフトウェア・ラジオの受信周波数は，VHF(超短波)帯以上です．VHF帯やUHF帯で受信できるのは，FM放送やアマチュア無線，航空無線などの業務無線です．一方，HF(短波)帯では，海外の短波放送も受信することができます．

そこで，**写真5-1**のようなHFコンバータを製作して，短波放送を受信してみます．

●HFコンバータとは

▶HFコンバータ部のブロック図

図5-1は，HFコンバータと呼ばれる短波帯受信用コンバータのブロック図です．HFコンバータのメ

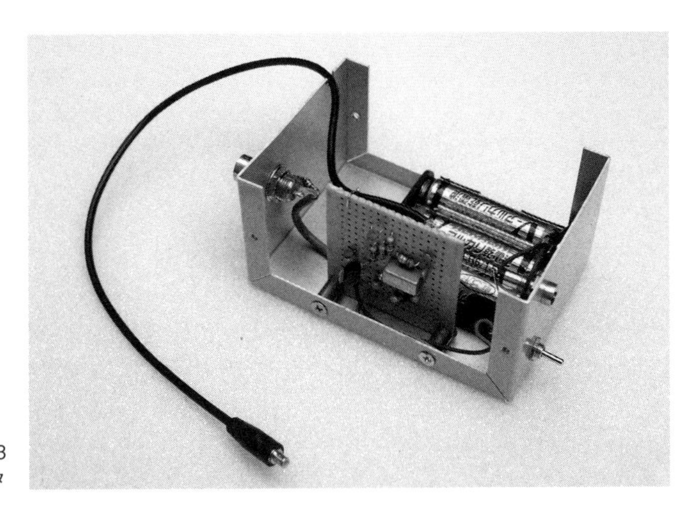

写真5-1
製作するHFコンバータ
短波帯の3～30MHzをVHF帯の103～130MHzに変換する周波数コンバータ

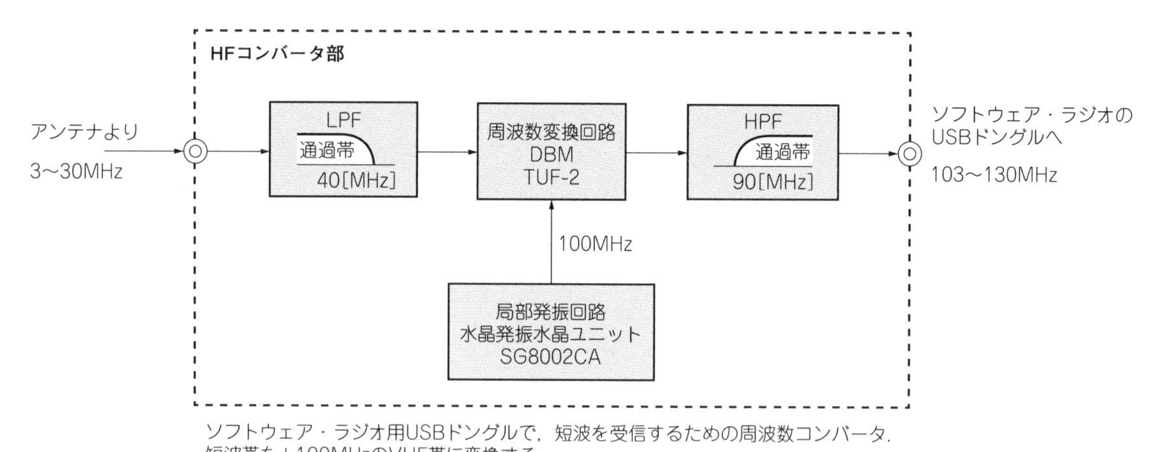

ソフトウェア・ラジオ用USBドングルで，短波を受信するための周波数コンバータ．
短波帯を＋100MHzのVHF帯に変換する

図 5-1　短波帯受信用コンバータのブロック図

写真 5-2　DBM ユニットの TUF-2
周波数変換の役目をする DBM ユニット

インになる回路は，回路ユニットでという構成です．

HF コンバータは，アンテナから入力した信号をローパス・フィルタ(LPF)に通し，ダブル・バランスド・ミキサ(DBM)の入力信号にします．

ダブル・バランスド・ミキサでは，受信信号の周波数の 3 ～ 30MHz に，水晶発振ユニットの 100MHz を加え，和の 103 ～ 130MHz の信号を取り出します．信号はハイパス・フィルタ(HPF)を通して，ソフトウェア・ラジオの USB ドングルへと送られます．

▶周波数変換回路は DBM ユニット TUF-2 で

DBM ユニットは，**写真 5-2** のような TUF-2(ミニサーキット)としました．**図 5-2(a)**が内部ブロック図で，**図 5-2(b)**がピン配置です．

電気的特性は，**図 5-2(c)**のように，端子 L_o と RF の周波数帯域は 50 ～ 1000MHz で，端子 IF は DC ～ 1000MHz です．そこで，入力信号のポートを IF にして 3 ～ 30MHz に対応させ，局部発振回路のポートを L_o にしました．

▶局部発振回路は水晶発振ユニット SG8002CA で

水晶発振ユニットは，**写真 5-3** のような表面実装(SMD：surface mount device)タイプのプログラマブ

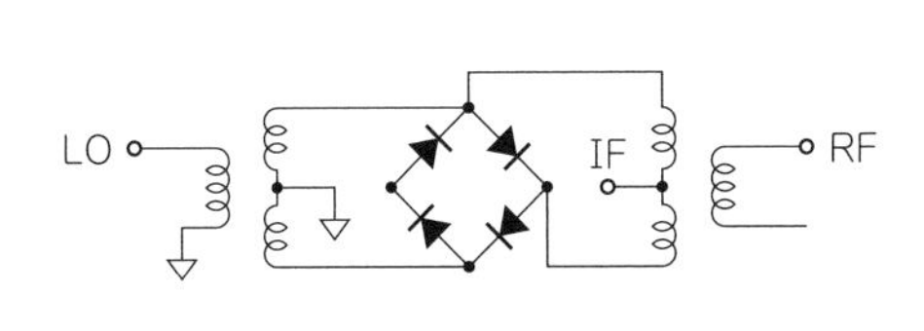

(a) 内部ブロック図

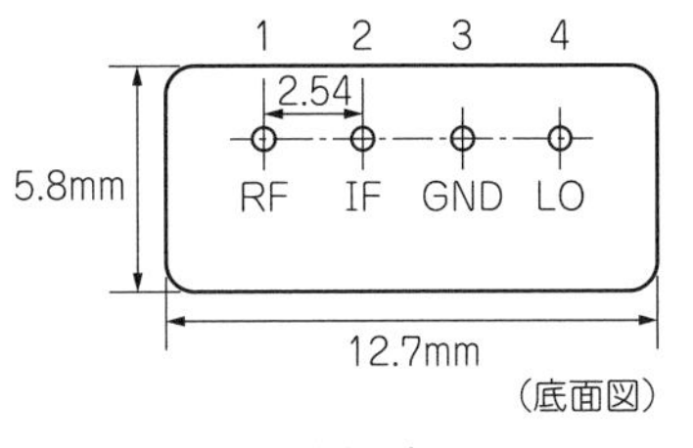

(b) ピン配置

周波数帯域 (MHz)		変換損失 (dB)				LO-RF アイソレーション (dB)						LO-IF アイソレーション (dB)						IP3 @ (dBm)
LO/RF f_L-f_U	IF	Mid-Band m $\overline{X}$	σ	Max.	Total Range Max.	L Typ.	Min.	M Typ.	Min.	U Typ.	Min.	L Typ.	Min.	M Typ.	Min.	U Typ.	Min.	Typ.
50-1000	DC-1000	5.85	0.07	7.5	9.0	58	40	47	30	42	25	50	35	44	20	29	18	16

周波数帯域特性からIFを入力ポートにRFを局部発振ポートにする

L=50-100MHz　M=100-500MHz　U=Upper range[f_U/2 to f_U]
m=Mid Band[2f_L to f_U/2]

＊引用文献：ミニサーキット社データシート

(c) 電気的特性

図 5-2　DBM ユニット TUF-2 の仕様

写真 5-3　表面実装の水晶発振ユニット
基板はんだ面に取り付ける出力周波数 100MHz の水晶発振ユニット

ル水晶発振ユニットです．発振周波数が 100MHz のエプソンの SB8002CAPCB100 としました．100MHz としたので，たとえば短波帯の周波数 6MHz が 106MHz というように，読みやすくなります．

動作電圧の 3V で動作させると 100MHz の方形波を出力します．DBM ユニットの入力インピーダンスが 50Ω なので水晶発振ユニットにとっては過負荷になりますが，動作時の電流が 15mA と規格内だったので良しとしました．

● HF コンバータの製作手順

図 5-3 が HF コンバータの回路図で，アンテナとの接続ケーブルでアンテナ直下型プリアンプ用の電源を供給することもできます．**表 5-1** は，製作に必要な部品表です．

▶部品の取り付け

図 5-4 は部品面から見た部品の取り付け図で，基板には，72×47mm の紙エポキシ基板をカットして使

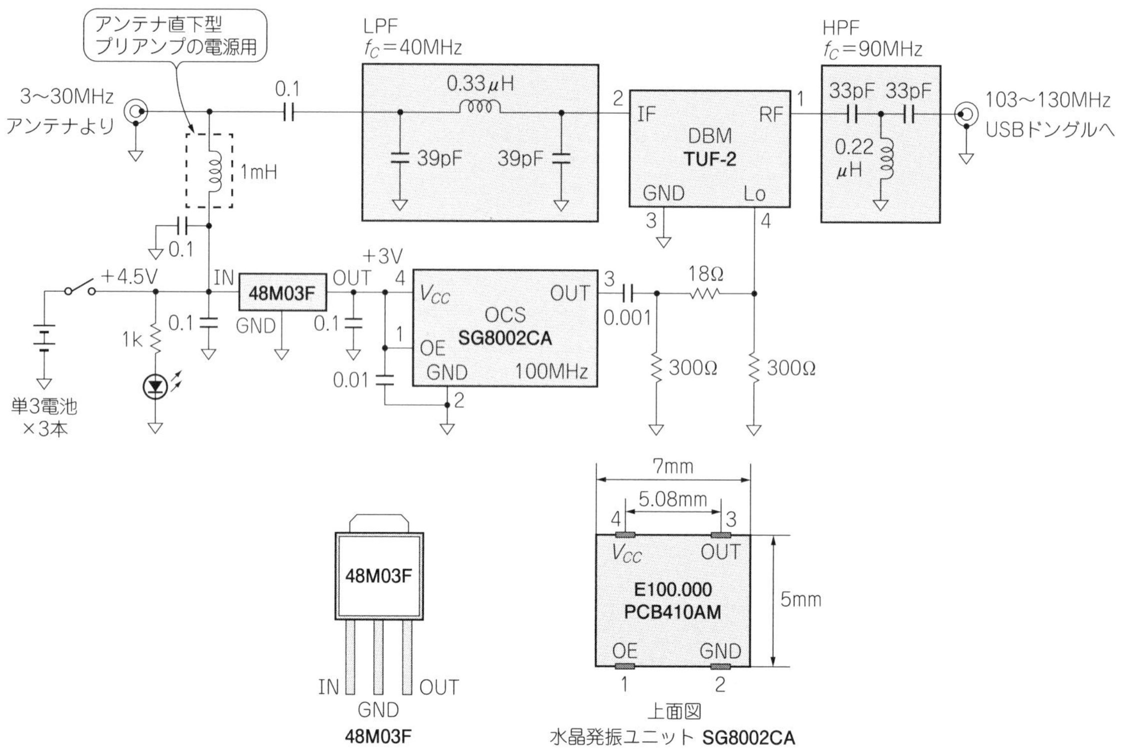

図 5-3　HF コンバータの回路図

表 5-1　HF コンバータの部品表

品　名	型式・仕様	数量	参考単価(円)	備考(購入先など)
DBM ユニット	TUF-2(ミニサーキット)	1	900	秋月電子通商
水晶発振ユニット 周波数 100MHz	SG8002CAPCB100(エプソン)	1	384	RS コンポーネンツ
3 端子レギュレータ	48M03F　低ドロップ型	1	60	100mA タイプでも可
LED	ケース取りつけ用ブラケット LED	1	100	秋月電子通商
固定抵抗　1/4W	18Ω	1	10	−
	300Ω	2	10	−
	1kΩ	1	10	−
積層セラミック・コンデンサ	0.1μF	4	20	−
セラミック・コンデンサ	0.01μF	1	10	−
	0.001μF	1	10	−
	39pF	2	10	−
	33pF	2	10	−
マイクロ・インダクタ	0.33μH	1	20	(aitendo で 20 個 120 円)
	0.22μH	1	20	−
	1mH	1	20	アンテナ直下型プリアンプ用
トグル・スイッチ	1 回路	1	100	−
MCX プラグ付ケーブル	カモン MCX-05，ケーブル長 50cm	1	300	千石電商またはネット通販
BNC ジャック	丸形，アンテナ端子用	1	100	秋月電子通商
穴あき基板	紙エポキシ　72×47×1.6mm	1	70	秋月電子通商
電池ケース	単 3　3 本用	1	60	秋月電子通商
電池	単 3	3	30	−
アルミ・ケース	タカチ MB-2	1	460	−

その他：基板取り付け用スペーサとビス・ナット，電池ボックス取り付け用両面テープ

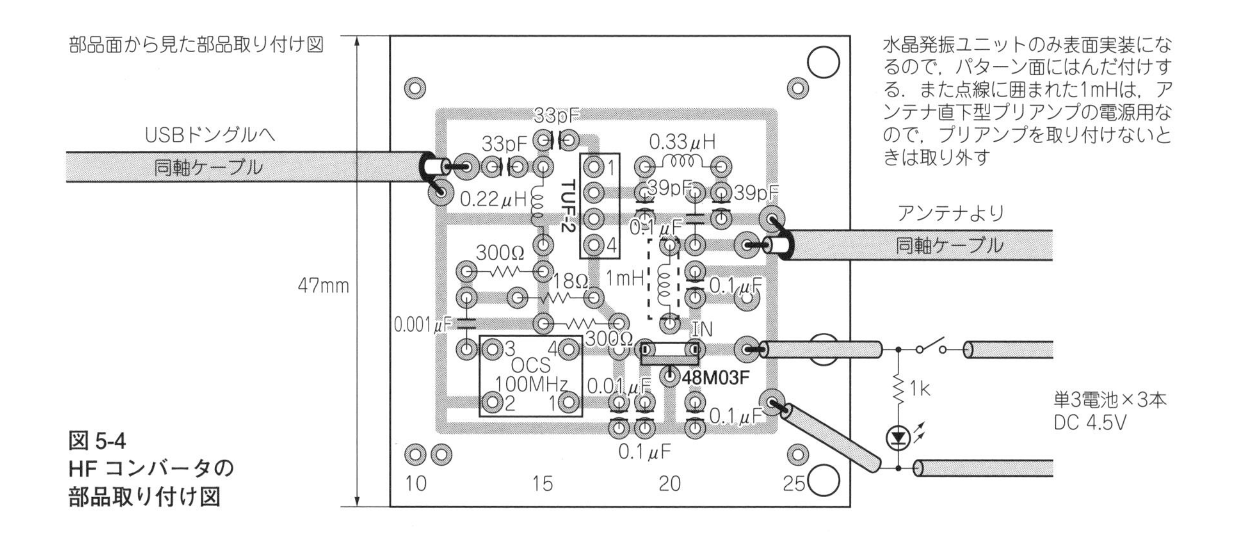

図 5-4
HF コンバータの
部品取り付け図

Column…5-1 ダイオード DBM の動作原理

ダブル・バランスド・ミキサは，アナログ乗算回路による周波数変換回路として知られています．また，ダイオード DBM(double balanced mixer)は，回路が簡単で広帯域という特徴を持っています．

図 5-A は，ダイオード DBM の動作原理です．図(a)のように入力端子２に大振幅の信号を加えると，ダイオード D_1 と D_2 が ON になり，入力端子１の信号は，そのまま出力端子３に出力します．

次に，図(b)のように，入力端子２の信号を反転すると，ダイオード D_3 と D_4 が ON になり，入力端子１の信号の流れが逆になるので，出力端子３には位相が反転した信号を出力します．

つまり，入力端子の信号により，ダイオードはスイッチング動作をするので，出力信号は，図(c)のようにスイッチのたびに位相が反転するのです．そして，出力の周波数 f_{RF} は，$f_{RF} = f_I \pm f_L$ になります．

この DBM 回路の動作を，図(a)のときはダイオード・スイッチにより ×1 に，図(b)のときは ×−1，という乗算回路と考えることができるのです．

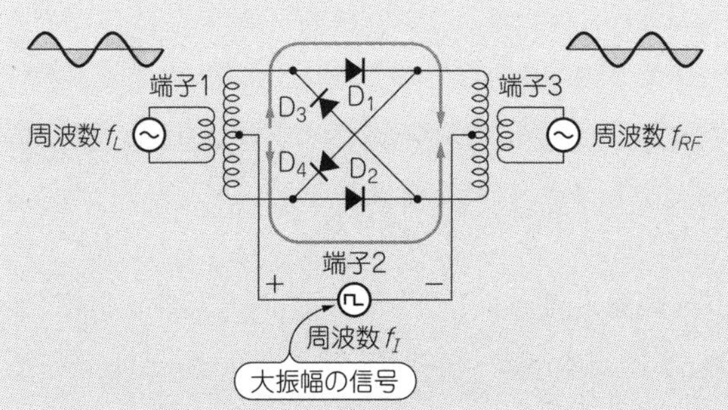

D_1とD_2がONになり，入力信号をそのまま出力する

(a) 周波数 f_I の信号が正のとき

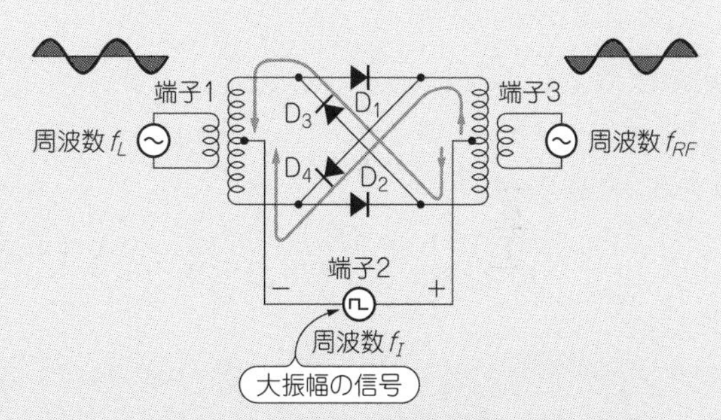

D_3とD_4がONになり，入力信号を反転して出力する

(b) 周波数 f_I の信号が負のとき

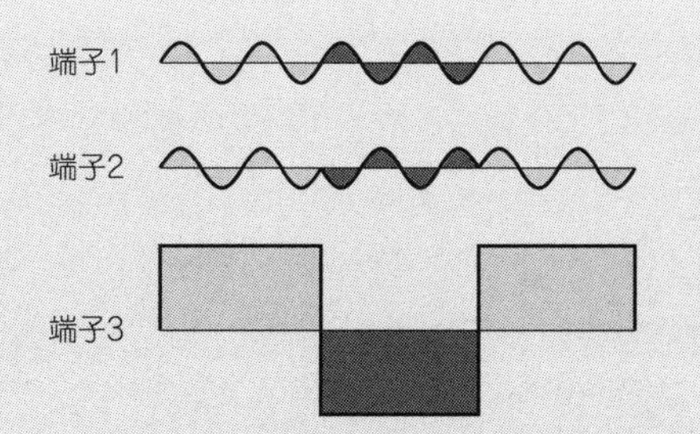

(c) スイッチングのたびに位相が反転

図 5-A　ダイオード DBM の動作原理

写真 5-4
完成した HF コンバータの基板
HF コンバータは紙エポキシの穴あき基板で製作した

いました．なお，入手した水晶発振ユニットが表面実装タイプなので，水晶発振ユニットは基板のはんだ面に取り付けます．

写真 5-4 は，完成した HF コンバータの基板です．

▶ケースに収める

ケースはアルミ・ケースのタカチ MB-2 とし，完成した基板をケースに収めました．アンテナの接続端子は BNC ジャックとしましたが，周波数が短波帯なので，RCA ジャックなどでもかまいません．また，USB ドングルへの接続用ケーブルは，MCX プラグ付コードです．

電源は，回路の消費電流が 25mA 程度だったので，単 3×3 本の電池としました．

● HF コンバータを使ってみる

HF コンバータに周波数 5MHz の信号を入力すると，105MHz の信号が出力しました．このときの変換損失は約 8dB です．

アンテナ端子に数 m の被覆電線を接続して受信すると，昼間は国内の短波放送が，夜間は海外の放送が聞こえました．

このあと製作する短波帯のアンテナを接続して，短波放送を楽しむこともできます．

5-2　共振型ループ・アンテナを作る

共振型ループ・アンテナは，ループ・アンテナのインダクタンスと並列接続したコンデンサの容量で，共振回路になっています．共振型アンテナの利得は，非共振型アンテナの数倍以上になり，またフィルタの役目もします．

ここでは，**写真 5-5** のような，受信周波数 3.8 ～ 10MHz の室内型のループ・アンテナを製作してみます．なお，最低受信周波数を 3.8MHz としたのは，ラジオ NIKKEI の周波数 3.925MHz をカバーするためです．

●共振型ループ・アンテナの設計

▶ループ・アンテナのインダクタンスを求める

図 5-5 のコイル L と，コンデンサ C の LC 共振回路で，L と C の組み合わせを求めてみます．可変コ

Column…5-2 ローパス・フィルタとハイパス・フィルタの設計

HF コンバータの入力信号は短波帯で，出力信号はVHF帯です．そこで，入力にローパス・フィルタ(LPF：Low-pass filter)を，出力にハイパス・フィルタを入れることにします．

ローパス・フィルタは，図5-B(a)のπ型フィルタとし，カットオフ周波数$f_c = 40$MHz，$Q = 2$の仕様で，コイルLとコンデンサ$C = C_1 = C_2$の値を求めてみます．

$$L = \frac{QZ}{2\pi f_C} = \frac{2 \times 50}{2 \times \pi \times 40 \times 10^6}$$
$$\fallingdotseq 0.398 \times 10^{-6} = 0.398[\mu\text{H}]$$

なので，Lは，0.33μHのマイクロ・インダクタとします．

$$C = \frac{1}{2\pi f_C QZ} = \frac{1}{2\pi \times 40 \times 10^6 \times 2 \times 50}$$
$$\fallingdotseq 39.8 \times 10^{-12} = 39.8[\text{pF}]$$

なので，Cは，39pFとします．

また，ハイパス・フィルタを図(b)のT型フィルタとし，カット・オフ周波数$f_c = 90$MHz，$Q = 2$の仕様で，コイルLと，コンデンサ$C = C_1 = C_2$の値を求めてみます．

$$L = \frac{QZ}{2\pi f_C} = \frac{2 \times 50}{2 \times \pi \times 90 \times 10^6}$$
$$\fallingdotseq 0.177 \times 10^{-6} = 0.177[\mu\text{H}]$$

なので，Lは，0.22μHのマイクロ・インダクタとします．

$$C = \frac{1}{\pi f_C QZ} = \frac{1}{\pi \times 90 \times 10^6 \times 2 \times 50}$$
$$\fallingdotseq 35.4 \times 10^{-12} = 35.4[\text{pF}]$$

なので，Cは，33pFとします．

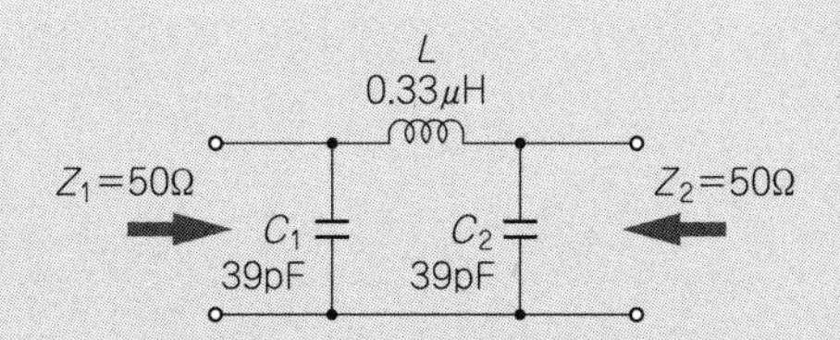

f_C=40MHz，Q=2としてLとCの値を求める

$C=C_1=C_2$，$Z=Z_1=Z_2$

$$L=\frac{QZ}{2\pi f_C} \fallingdotseq 0.398\mu\text{H}$$

なので，L=0.33μHとする

$$C=\frac{1}{2\pi f_C QZ} \fallingdotseq 39.8\text{pF}$$

なので，39pFとする

(a) π型ローパス・フィルタの仕様

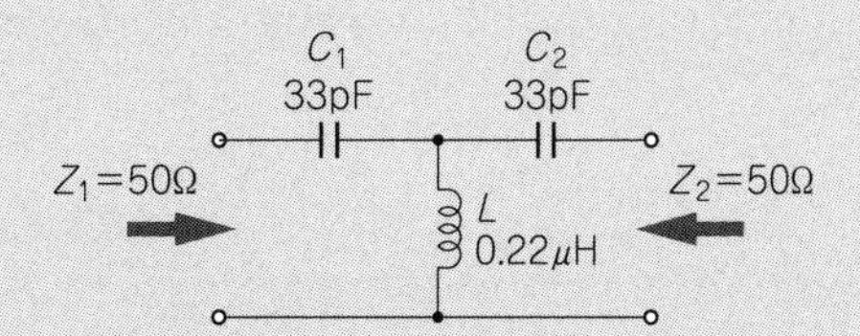

f_C=90MHz，Q=2としてLとCの値を求める

$$L=\frac{QZ}{2\pi f_C} \fallingdotseq 0.177\mu\text{H}$$

なので，0.22μHとする

$$C=\frac{1}{\pi f_C QZ} \fallingdotseq 35.4\text{pF}$$

なので，33pFとする

(b) T型ハイパス・フィルタの仕様

図5-B ローパス・フィルタとハイパス・フィルタ

ンデンサをラジオ用2連ポリ・バリコンの発振側(OSC)とすると，最大容量$C_{\max}$は70pFです．このときの受信周波数を3.8MHzとして，インダクタンスLを求めます．

$$f = \frac{1}{2\pi\sqrt{LC}} \text{ より}$$

$$L = \frac{1}{4\pi^2 f^2 C} = \frac{1}{4\pi^2 \times (3.8 \times 10^6)^2 \times 70 \times 10^{-12}} \fallingdotseq 25.1 \times 10^{-6}\text{H} = 25.1[\mu\text{H}]$$

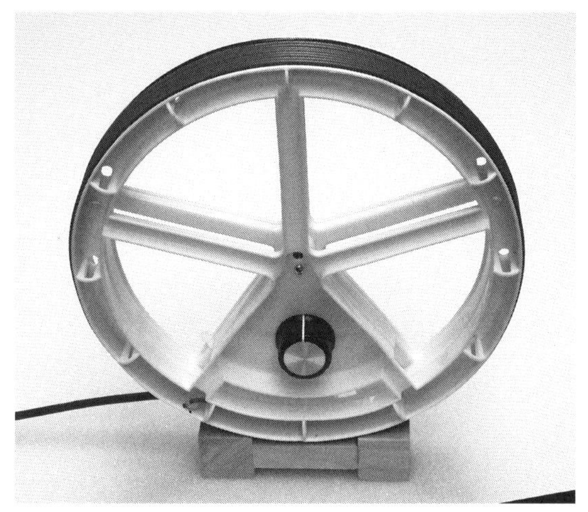

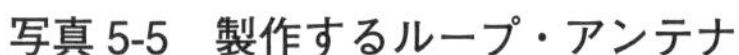

写真 5-5　製作するループ・アンテナ

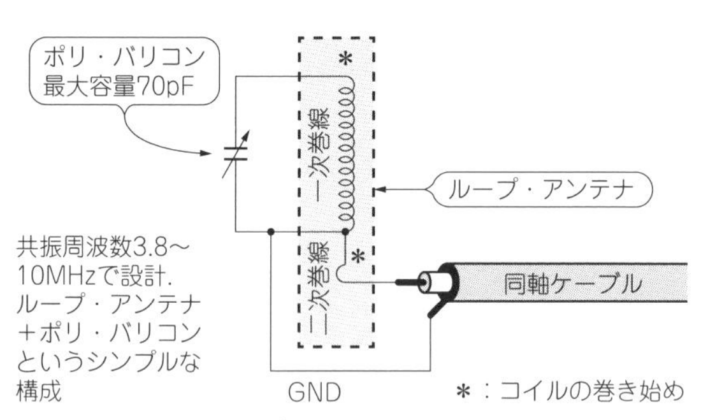

図 5-5　共振型ループ・アンテナの回路

▶ループ・アンテナの巻数を求める

ループ・アンテナの巻枠は，100 円ショップで購入した直径約 22cm の円形のピンチ・ハンガとしました．同じ製品が見つからない場合は，同じようにループ・アンテナのコイルを巻くことのできるほぼ同じ寸法の代用品を探してみましょう．直径 22cm，巻幅 15mm の空芯ソレノイド・コイルとして，インダクタンス L を求めてみます．

$$L = \lambda\,(4\pi \times 10^{-7})\,\frac{\mathrm{A}N^2}{\ell}$$ より　　λ：長岡係数，A コイルの断面積　N：コイルの巻数，ℓ：コイルの長さ

$$N = \sqrt{\frac{L\ell}{\lambda\,(4\pi \times 10^{-7})\,\mathrm{A}}}$$

ここで，**表 5-2** の長岡係数を求めるグラフから，λ を求めてみます．

2r は直径なので 22cm，ℓ はコイルの長さですが，巻幅になるので 15mm とすると，

$2r/\ell = 22/1.5 \fallingdotseq 14.7$ なので，$\lambda = 0.16$

また，断面積 A は，

$$\mathrm{A} = \pi r^2 = 0.038\,[\mathrm{m}^2]$$

したがって，

$$N = \sqrt{\frac{25.1 \times 10^{-6} \times 15 \times 10^{-3}}{0.16 \times 4\pi \times 10^{-7} \times 0.038}} \fallingdotseq 7.02\,[回]$$

Column…5-3 水晶発振ユニットを部品面実装タイプに変更

水晶発振ユニットは，表面実装用で出力周波数が100MHzの製品を使用しました．

表面実装用パーツのはんだ付けは，けっこう手間がかかります．この水晶発振ユニットのように，はんだ付けする端子が4個あるパーツでは，チップ抵抗やチップ・コンデンサよりハードルが高くなります．

そこで，**写真5-A**のような部品面から実装できる大きめのパーツで製作すると簡単です．ただし，出力周波数100MHzのユニットは，国内では入手しにくくなっているので，発振周波数48MHz，または50MHzのユニットとしました．

水晶発振ユニットは，**写真5-A(a)**のような仕様です．局部発振周波数を変更するので，**図(b)**のような回路変更も必要になります．

変更するところは，発振ユニットに合わせて電源電圧を5Vに，HPFのカットオフ周波数 f_C を40MHzとします．

発振ユニットのサイズが大きくなるので，部品取り付け図も，ピン配置に合うように変更が必要です．部品取り付け図を反転して取り付けるようにすると，少しのパターン変更ですみます．

(参考：水晶発振ユニットの購入先と価格　48MHz：秋月電子通商100円，50MHz：RSコンポーネンツ254円)

写真5-A　部品面から実装できる水晶発振ユニット
出力周波数48MHzと50MHzの水晶発振ユニット

表5-2
コイルの形状から長岡係数 λ を求める

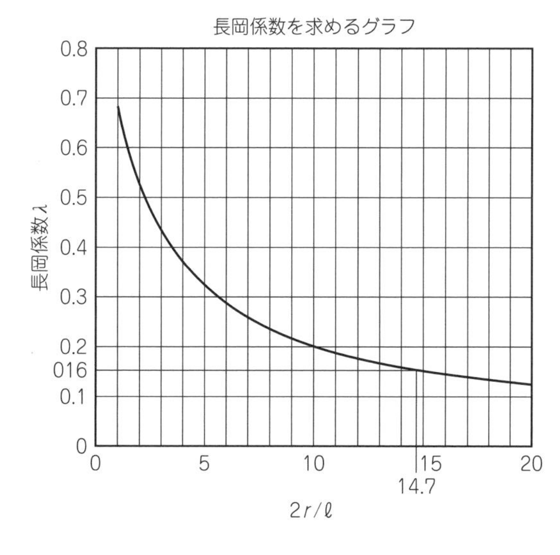

コイルの直径 $2r$ = 22cm
コイルの長さ ℓ = 15cmなので
$\frac{2r}{\ell}$ = 14.7cm
表より長岡係数 λ = 0.16になる

なので，7回巻きとします．

●ループ・アンテナの製作手順

▶ループ・アンテナの巻枠はピンチ・ハンガ丸形

ループ・アンテナの巻枠は，100円ショップで購入した12ピンチ・ハンガの丸形です．

2個のピンチ・ハンガからピンチ(洗濯ばさみ)とフックを取り外して，**写真5-6**のように背中合わせになるような形にします．そして，5～6カ所を，3mmのビス・ナットで，2個のピンチ・ハンガを結合し，

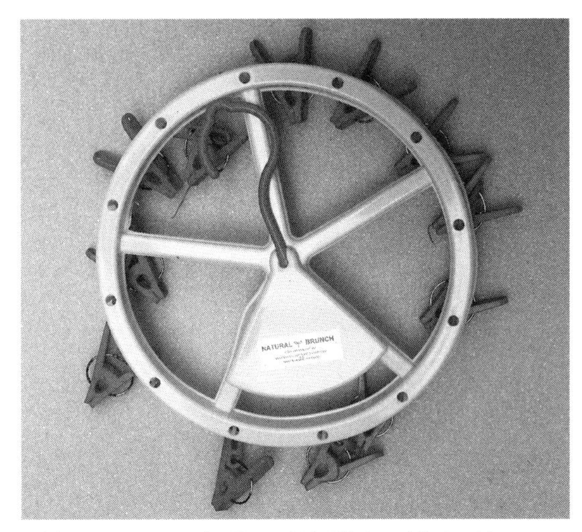

（a）100円ショップで見つけた洗濯物を干すためのピンチ・ハンガ

（b）2個のピンチ・ハンガを3mmのビス・ナットで固定

写真 5-6　ピンチ・ハンガをループ・アンテナの巻き枠にする

巻枠にする部分をビニール・テープで1～2回巻いて合わせ部分の段差をなくします．

▶ビニール被覆電線を巻いてループ・アンテナにする

ループ・アンテナの巻き線は，耐圧600VのAWG22のビニール被覆電線です．耐圧を大きくすると絶縁被覆が厚くなるため，外径は2.41mmになります．その結果，巻線間の間隔がとれるので，分布容量を減らすことができます．

一次巻線の7回は，**図5-6**のように巻き，二次巻線は一次巻線から離して1回巻きます．巻き終わったループ・アンテナのインダクタンスLを測定したところ，$L = 22\mu$Hになりました．

▶ポリ・バリコンと同軸ケーブルを取り付けて完成

写真5-7のように，ポリ・バリコンを巻枠に取り付けます．一次側の巻き終わりと二次側の巻き始めを接続した線がGNDです．アンテナの信号は，二次側のコイルから同軸ケーブルで，HFコンバータと接続します．なお，ポリ・バリコンのトリマ・コンデンサは，最小容量にセットしておきます．

ポリ・バリコンのツマミは，**写真5-8**のように延長シャフトをねじ止めしてツマミを取り付けましたが，延長シャフトとツマミの代わりにポリ・バリコンのダイヤルとすることもできます．

●ループ・アンテナの特性

ループ・アンテナの共振周波数は，ポリ・バリコンの最大容量の70pFで3.3MHz，最小容量で8.5MHzでした．共振周波数を3.8MHzで設計しましたが，分布容量の影響で設計値より低い共振周波数になりました．

また，周波数f_o = 6MHzのとき，3dB減衰したときの帯域幅は約270kHzです．この値からQを求めてみると，

$$Q = f_o/\mathrm{B} = 6\times10^6/270\times10^3 = 22.2$$

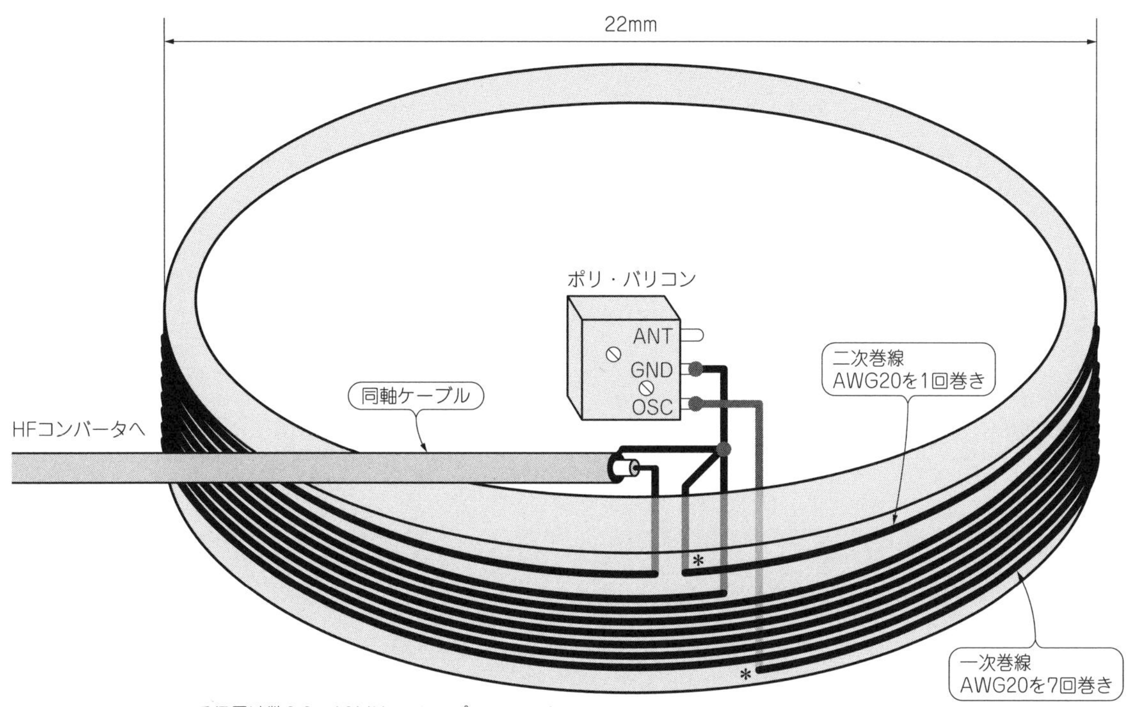

図 5-6　ループ・アンテナの製作図

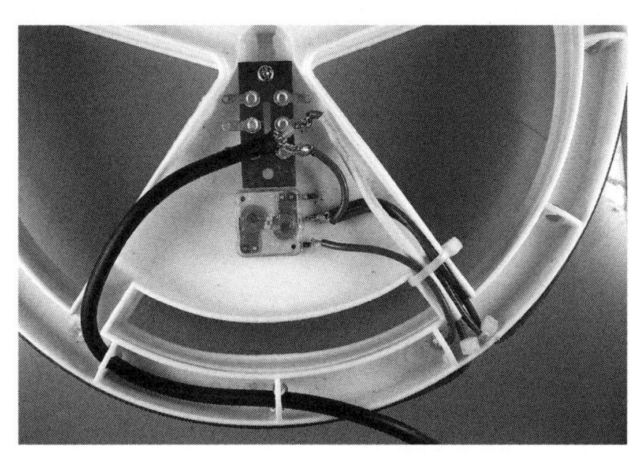

写真 5-7　ポリ・バリコンを取り付けて配線
ポリ・バリコンを巻き枠にねじ止めして配線する

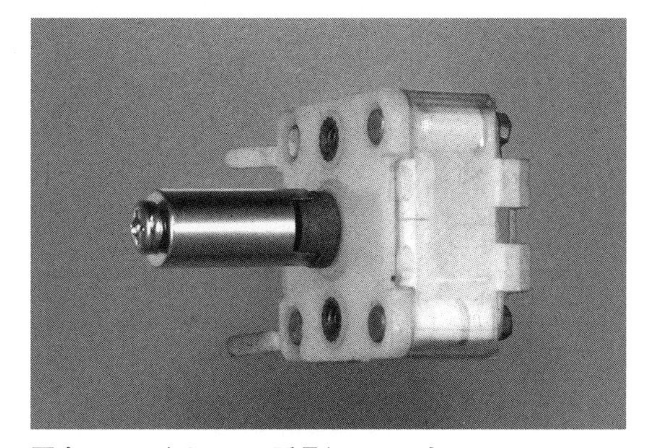

写真 5-8　バリコンに延長シャフトを
延長シャフトをねじ止めして，ツマミを取り付ける

になります．

● HF コンバータに接続して受信する

HF コンバータの出力をワンセグ用チューナを利用したソフトウェア・ラジオに接続して受信してみます．

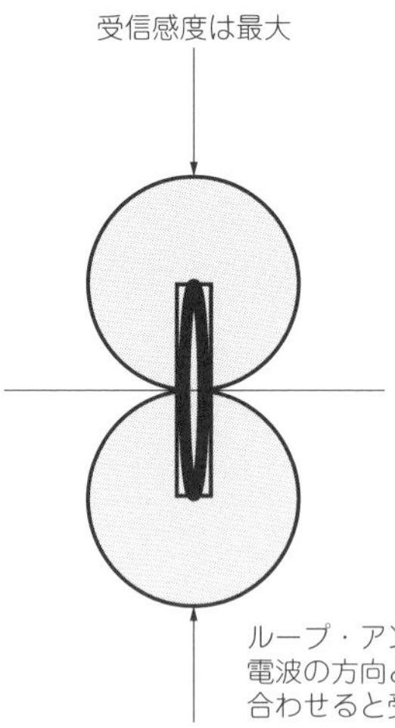

受信感度は最大

ループ・アンテナには指向性がある．
電波の方向とループ・アンテナの面を
合わせると受信感度は最大になる

図 5-7
ループ・アンテナの指向性

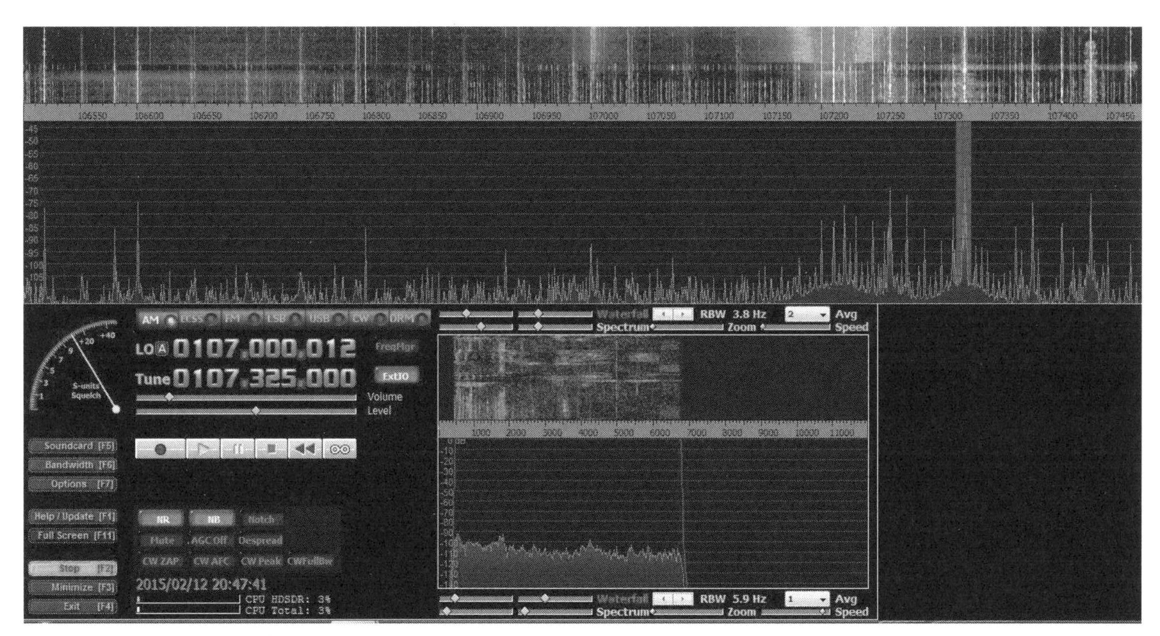

図 5-8　ループ・アンテナで受信
夜間の短波帯を HDSDR で受信．放送局は周波数 7.325MHz のハイウェイ北京

周波数スペクトルの画面を見ながら，ループ・アンテナのポリ・バリコンをゆっくり回してみます．共振周波数でレベルが大きくなることがわかります．受信周波数が 8MHz 以上になると，共振点を見つけにくくなります．いわゆる共振回路のコンデンサの値が小さくなる LowC の状態になったことから，Q が小さくなるためです．

ループ・アンテナには指向性があるので，**図 5-7** のように，ループ・アンテナを回して電波の方向に合わせると，受信感度が最大になります．

図 5-8 は，夜間の短波帯をソフトウェア・ラジオ用ソフト HDSDR でハイウェイ北京を受信してみたときの画面です．

5-3　共振型バー・アンテナを作る

フェライト・コアにコイルを巻いたバー・アンテナは，小型の割に感度のよい磁界アンテナです．インダクタンスが330μH程度の，中波用のアンテナは市販されていますが，短波帯をカバーするにはインダクタンスが大きすぎます．

そこで，**写真5-9**のような短波帯のバー・アンテナを製作し，ポリ・バリコンと組み合わせた共振型バー・アンテナを作ってみました．

●短波用のバー・アンテナの設計

▶バー・アンテナのインダクタンスを求める

図5-9は，共振型バー・アンテナの回路です．このLC共振回路で，コイルのインダクタンスL[H]求めてみます．バリコンは中波帯の2連ポリ・バリコンで，発振側(OSC)とすると，最大容量C_{max}は70pFです．

このときの受信周波数を3.7MHzとして，インダクタンスL[H]を求めます．

$$L=\frac{1}{4\pi^2 f^2 C}=\frac{1}{4\pi^2\times(3.7\times10^6)^2\times70\times10^{-12}}\fallingdotseq 26.5\times10^{-6}=26.5[\mu\mathrm{H}]$$

▶$L=26.5\mu$Hのバー・アンテナの巻数を求める

写真5-10は，直径10mmで，長さ180mmと120mmのフェライト・バーです．120mmのフェライト・バーにするとコンパクトになりますが，利得が低くなります．そこで，180mmのフェライト・バーにコイルを巻いて，バー・アンテナにしました．

写真5-9　共振型バー・アンテナ
短波帯の共振型バー・アンテナ．HFコンバータに接続して使う

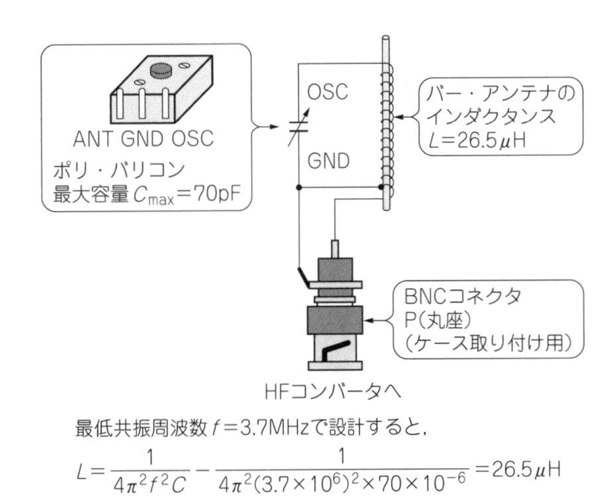

図5-9　共振型バー・アンテナの回路

写真 5-10　フェライト・バー
長さ 12cm と 18cm のフェライト・バー．大きいほどバー・アンテナの利得が高くなるので，18cm のフェライト・バーを利用した

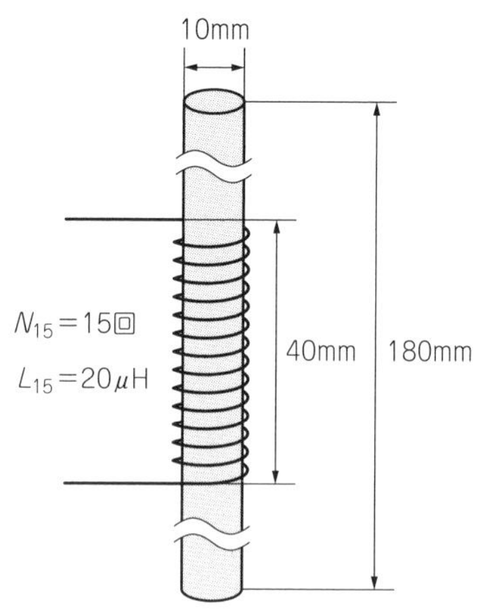

フェライト・コアの透磁率が不明なので，
コイルを15回巻いてインダクタンスL_{15}[H]を測定した．
L_{15}=20μHより，L=26.5μHのコイルはN_{15}=18回になる

図 5-10　インダクタンスを測定する

ここで，フェライト・バーの透磁率 μ が不明なので，試しにコイルを巻いてインダクタンス L_{15} を測定します．

図 5-10 のように，コイルの巻数 N_{15} を 15 回，巻幅 4cm のときのインダクタンスを L_{15}[H]として測定してみると，$L_{15} \fallingdotseq 20\mu\mathrm{H}$ でした．巻幅を同じ 4cm で巻くことにして，$L = 26.5\mu\mathrm{H}$ のときの巻数 N_1[回]を求めます．

$$\frac{L}{L_{15}} = \frac{N_1{}^2}{N_{15}} \text{より}$$

$$N_1 = \sqrt{N_{15}{}^2 \frac{L}{L_{15}}} = \sqrt{15^2 \frac{26.5 \times 10^{-6}}{19 \times 10^{-6}}} \fallingdotseq 17.7$$

なので，$N_1 = 18$ 回とします．

●バー・アンテナの製作手順

共振型バー・アンテナの製作では，パーツをプラスチック・ケースに直接取り付けます．

製作の前に，**表 5-3** のような部品を用意しておきます．

▶フェライト・コアにコイルを巻く

巻き線は，直径 0.5mm のポリ・ウレタン線です．フェライト・コアに絶縁用の薄いテープを巻いてから，コイルを巻きます．

図 5-11 のように，一次側に 18 回巻いてタップを取り出し，さらに 1 回巻いて二次側にします．つまり，計 19 回巻きということです．タップは，ケースに入れたあと，巻き線にはんだ付けして取り出します．

写真 5-11 は，フェライト・バーとコイルです．フェライト・バーを軸にしてコイルを巻いたあと，いっ

表 5-3　共振型バー・アンテナの部品表

品　名	型式・仕様	数量	参考単価(円)	備考(購入先など)
フェライト・コア	直径 10mm 長さ 180mm	1	500	aitendo
ポリ・バリコン	中波用 2 連タイプ	1	200	aitendo
ポリ・バリコン延長シャフト	長さ 15mm	1	120	aitendo
ポリ・ウレタン銅線	直径 0.5mm	80cm	−	−
プラスチック・ケース	タカチ SW75(50×30×75)	1	160	−
BNC 丸形プラグ	ケース(シャーシ)取り付けタイプ	1	150	秋月電子通商
ツマミ	−	1	−	−

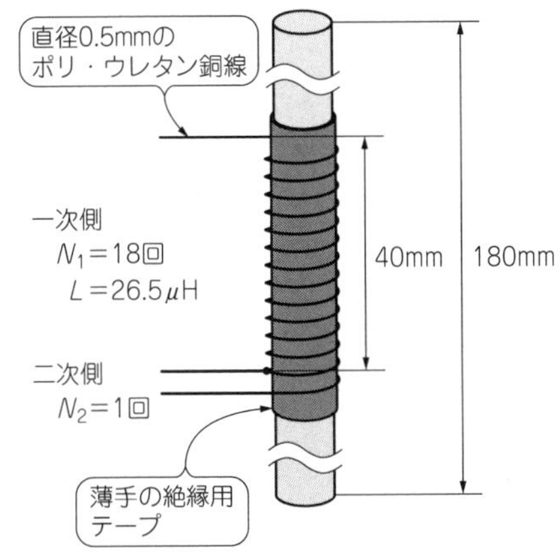

図 5-11　フェライト・コアにコイルを巻く

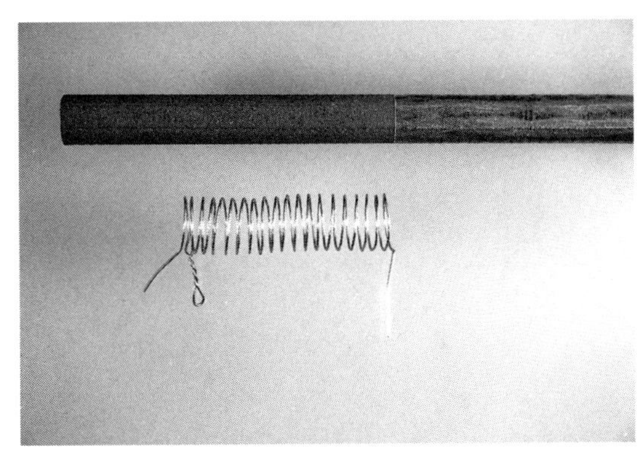

写真 5-11　フェライト・バーとコイル
フェライト・バーを軸にして 18 回＋1 回のコイルを巻き，取り外しておく

たん取り外しています．

▶バー・アンテナをケースに取り付ける

バー・アンテナを取り付けるケースは，タカチ SW-75(W50×H30×D75mm)というプラスチック・ケースです．

ケースには，フェライト・コアを通す穴とバリコンの取り付け穴，そして丸座 BNC プラグの穴をあけて，バー・アンテナを取り付けます．

なお，バー・アンテナを取り付けるときには，いったんフェライト・コアからコイルを抜き取り，ケースにあけた穴にフェライト・コアを入れながら，ケース内部でコイルを通すようにします．

▶バー・アンテナとポリ・バリコンを接続する

バー・アンテナとポリ・バリコンを，二次コイルと丸座 BNC プラグをはんだ付けします．

写真 5-12 は，ケースに収めてはんだ付けした共振型バー・アンテナです．

また，ポリ・バリコンのシャフトに延長シャフトを取り付けてから，ツマミを取り付けました．

●バー・アンテナの特性

バー・アンテナには，**図 5-12** のような 8 の字型の指向性があり，フェライト・コアに対して直角方向が最大感度になります．

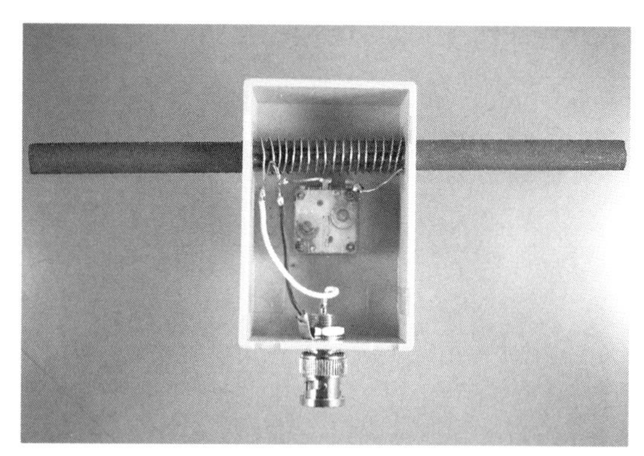

写真 5-12　ケースに収めてはんだ付け
バー・アンテナをケースに収めて，ポリ・バリコンと丸形BNCプラグに接続する

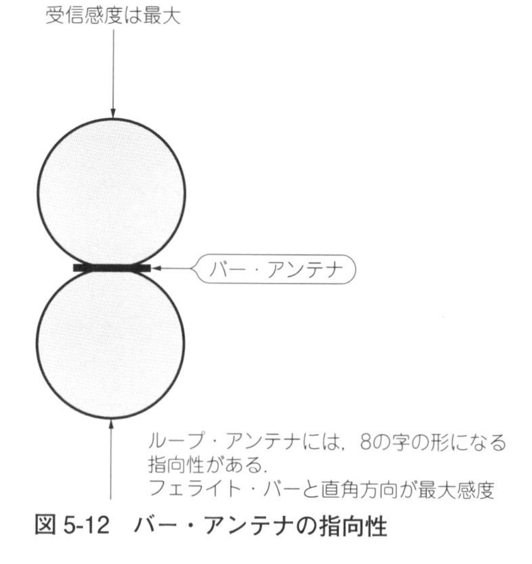

図 5-12　バー・アンテナの指向性

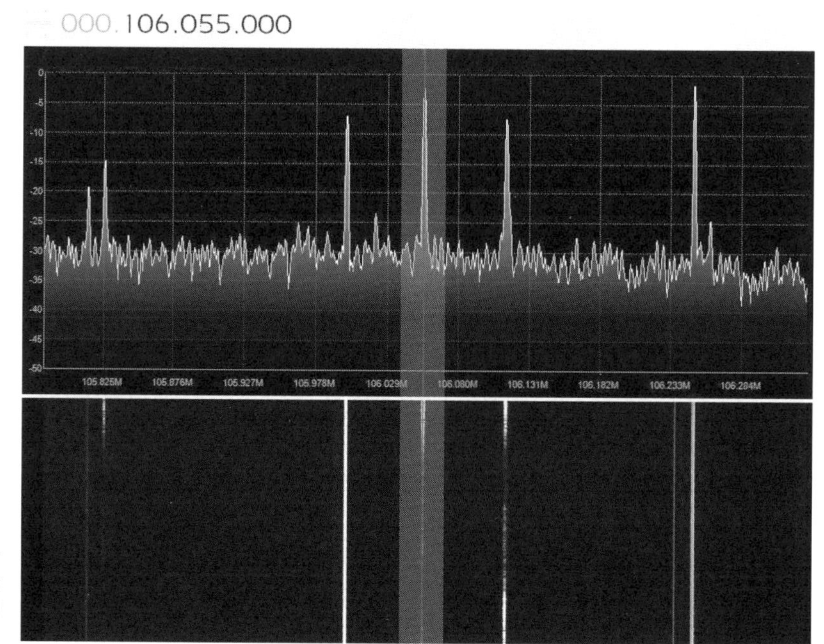

図 5-13
ラジオ NIKKEI の受信画面
HF コンバータに共振型バー・アンテナを取り付けて，ラジオ NIKKEI を受信した．昼間の時間帯なので，国内の放送局がよく聞こえる

また，バリコンを調整したときの共振周波数は，3.5 ～ 8.2MHz になりました．

● HF コンバータに接続して受信する

HF コンバータに接続して受信ソフトで周波数を決め，バリコンを回しながら共振点を探します．画面を見ながらバリコンを回すと，共振点で信号レベルが大きくなります．

次に，バー・アンテナを回して，信号レベルが最大になるようにします．**図 5-13** は，昼間にラジオ NIKKEI を受信した画面です．

Column…5-4 はんだレスBNCプラグ

同軸ケーブルをBNCプラグに取り付けるとき，芯線のはんだ付けや網線(外部導体)の処理に，けっこう手間がかかります．とくに芯線とBNCプラグのピンのはんだ付けでは，たいてい一度は失敗を経験します．

こんな問題も，**写真5-B**のような，無はんだで接続のできるBNCプラグで解消できます．

接続方法は，**写真(a)**のように，BNCプラグに合わせて同軸ケーブルの芯線と網線の被覆を取って出します．次に**写真(b)**のように，芯線はねじで止め，網線は折り返しからカシメて，余った網線を**写真(c)**のようにカットします．

そじて**写真(d)**のように，BNCプラグにカバーを被せて，できあがりです．

BNCプラグに合わせて同軸ケーブルの被覆を取る

(a) 同軸ケーブルの被覆を取る

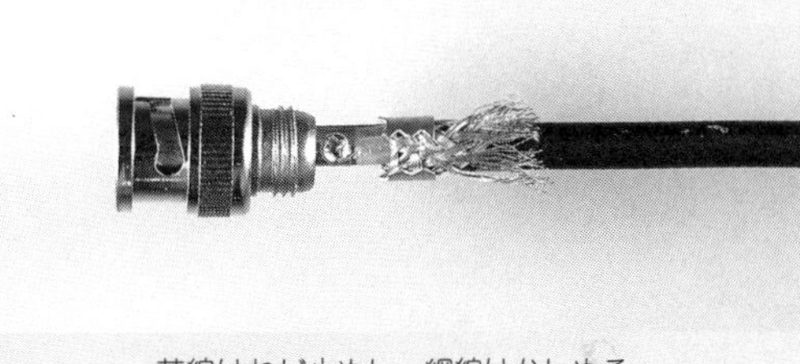

芯線はねじ止めし，網線はかしめる

(b) 同軸ケーブルをプラグに取り付ける

余った網線を切り取る

(c) 網線をカット

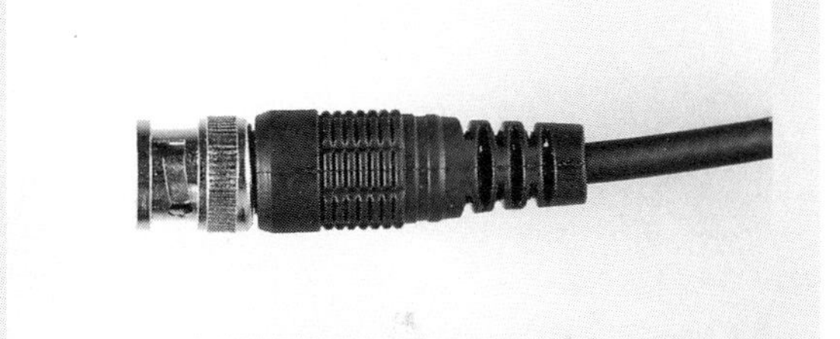

カバーを被せてできあがり

(d) カバーを被せる

写真5-B　はんだレスBNCプラグ

5-4 VHF帯のアンテナ・カップラを作る

アンテナと受信機のインピーダンス・マッチングがとれていないと，高周波信号が有効に伝わりません．そんなときは，アンテナ・カップラを使うとマッチングを改善することができ，アンテナ本来の性能を十分に発揮できるようになります．

そこで，**写真5-13**のようなアンテナ・カップラを製作してマッチングをとり，受信感度を向上させてみます．カップラの周波数範囲は，ミス・マッチングの状態にもよりますが，100～150MHzとします．

●アンテナ・カップラの動作

▶ π 型アンテナ・カップラ

π アンテナ・カップラの原理は，コイル L と，コンデンサ C によるインピーダンス変換回路です．ここ

写真 5-13
製作するアンテナ・カップラ
100 ～ 150MHz に対応するアンテナ・カップラ

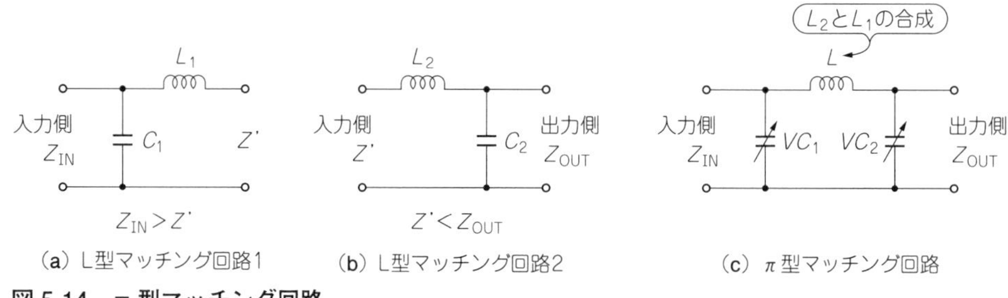

図 5-14　π 型マッチング回路

では，**図 5-14** のような π 型マッチング回路のアンテナ・カップラを製作します．

図(a)のL型マッチング回路1では，入力インピーダンス Z_{in} と出力インピーダンス Z' の関係は，$Z_{in} > Z'$ になります．また図(b)のように入出力を反対にすると，$Z' < Z_{out}$ になります．

そこで，図(a)と図(b)の回路を組み合わせて，図(c)のように π 型にしてみます．このとき，コンデンサ C_1 と C_2 を可変コンデンサ VC_1 と VC_2 にすると，VC_1 と VC_2 を調整することで，Z_{in} と Z_{out} のインピーダンス・マッチングを取ることができるのです．

▶ πC 型アンテナ・カップラ

πC 型アンテナ・カップラは，π 型アンテナ・カップラのアンテナ側に可変コンデンサをプラスして，マッチングする範囲を広くした回路です．このまま回路にすると，調整用の可変コンデンサが3個になるため，マッチングを取る手間が大変です．

そこで，受信用として製作する回路は，**図 5-15** のように VC_1 を固定コンデンサ C_1 にして，VC_2 と VC_3 でマッチング調整することにしました．

コイル L は空芯コイルで，直径 5mm，長さ 12.5mm の7回巻きです．可変コンデンサ VC_2 と VC_3 は，FM 用ポリ・バリコンの 20pF を並列接続して 40pF としました．

● πC 型アンテナ・カップラの製作手順

図 5-16 が，部品面から見たアンテナ・カップラの部品取り付け図です．72×47mm の穴あき基板で製

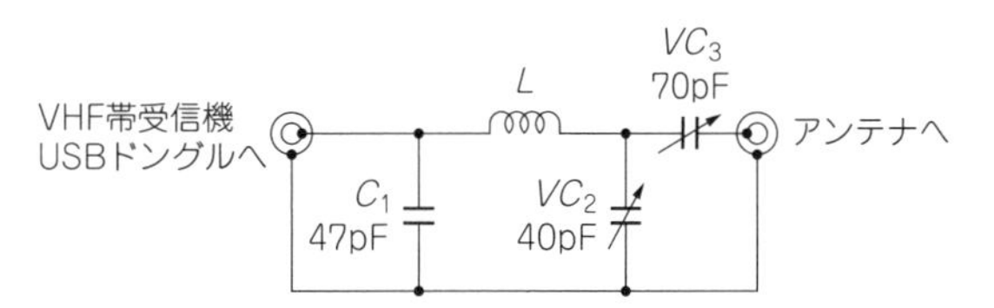

VC2：FM用2連ポリ・バリコン
並列接続 20pF＋20pF
VC3：中波用2連ポリ・バリコンの
OSC側
L：空芯コイル 直径5.4m，長さ12.5mm，巻き数7回
線材はφ0.8のメッキ線

図 5-15
πC 型アンテナ・カップラの回路図

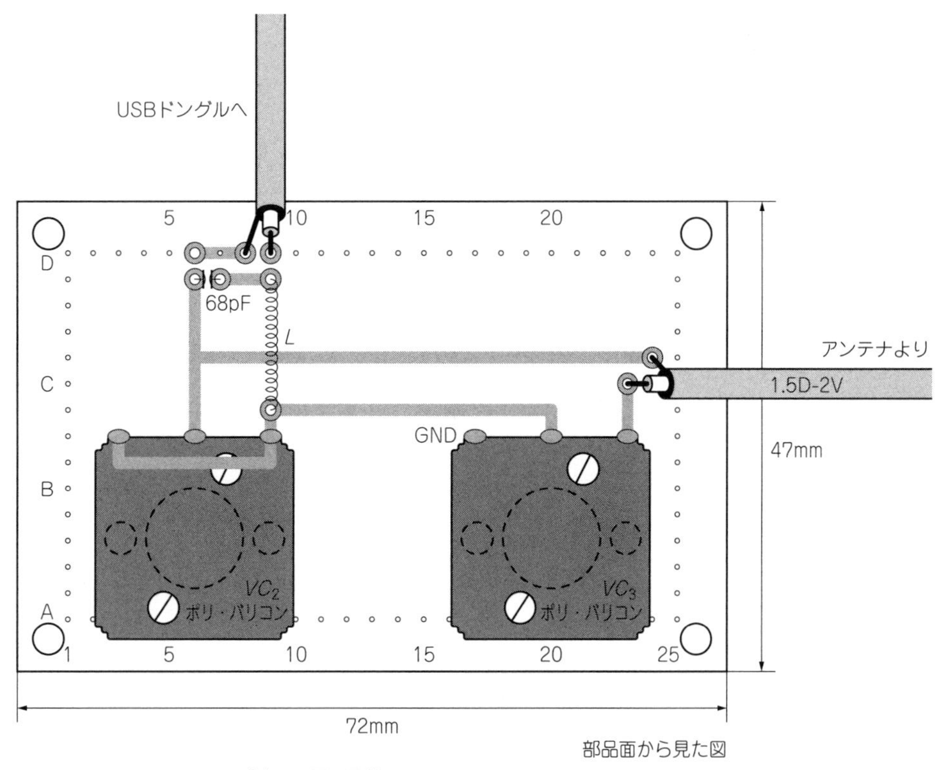

：パターン面の配線
VC2：FM用2連ポリ・バリコン
VC3：AM用2連ポリ・バリコン
VC3のGND側は回路のGNDから浮かす

図 5-16
部品取り付け図

作しました．扱う周波数が VHF 帯なので，配線は短く太くを心がけます．

▶コイル L を巻く

図 5-17 のように，φ0.8mm のメッキ線を直径 5mm のドライバを軸にして 7 回巻きます．コイルの長さは，およそ 12mm になるように仕上げます．

▶基板に部品を取り付ける

穴あき基板に取り付ける部品は，わずか 4 点です．

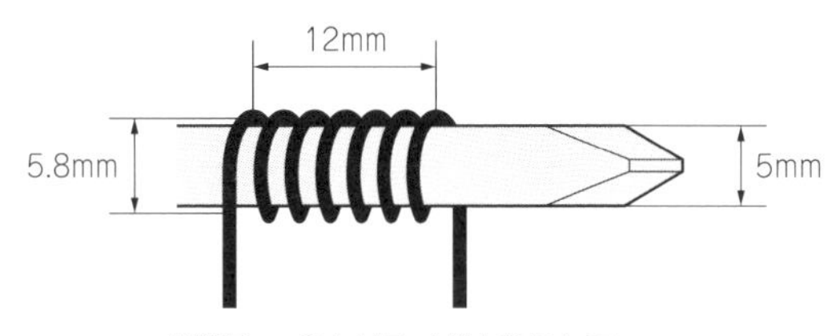

図 5-17　コイル L を巻く

写真 5-14　部品を取り付けた基板
取り付ける部品は 4 点

写真 5-15　ポリ・バリコンに延長シャフトを
VC_3 の延長シャフトは樹脂製のスペーサを利用して絶縁する

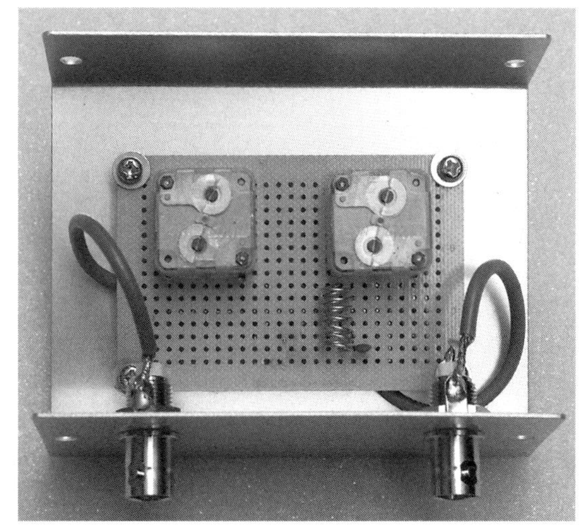

写真 5-16　基板をケースに収める
基板はスペーサ(5mm)で浮かせて，ケースにねじ止めした

まず基板にポリ・バリコンを取り付ける穴をあけ，ねじ止めします．ポリ・バリコンの極板の片方は，取り付けねじとシャフトにつながっています．VC_3 はGNDから浮かすので，回路のGNDに接続しないようにします．

写真 5-14 が部品を取り付けたアンテナ・カップラの基板です．

▶ケースに収める

ケースは，タカチ TS-1S(W100×H30，42.5×D75)の傾斜型としました．

ポリ・バリコンのシャフトに延長シャフトを取り付けます．VC_3 のシャフトを通す穴は大きめに開け，シャフトがケースに接触しないようにします．

基板はスペーサで浮かして，ケースにねじ止めしました．

Column…5-5 アンテナ直下型プリアンプを作る

製作したバー・アンテナは，コンパクトで便利なアンテナですが，アンテナの利得は高くありません．そこで，プリアンプを使って増幅してみることにしました．

図5-C(a)は，広帯域アンプ μPC1651G(NEC)による，アンテナ直下型プリアンプの回路図です．図(b)のように，データシートの周波数特性は，10～1200 MHzですが，実際に測定してみると，中波帯や短波帯でもデータシートどおり19dBの利得になりました．

プリアンプの回路は簡単なので，図(c)のように穴あき基板で製作しました．完成したプリアンプの基板は，**写真5-C**のように，メッキ線で丸座BNCプラグにはんだ付けしてから，**写真5-C**(b)のようにケースに取り付けて，アンテナ直下型にします．プリアンプの電源は，HFコンバータから同軸ケーブルで給電したDC4.5V(単3電池×3本)です．

使ってみると，バー・アンテナでも弱い電波が受信できるようになったので，短波放送局が増えたような気がします．

(参考：μPC1651Gの購入先と価格　若松通商／126円)

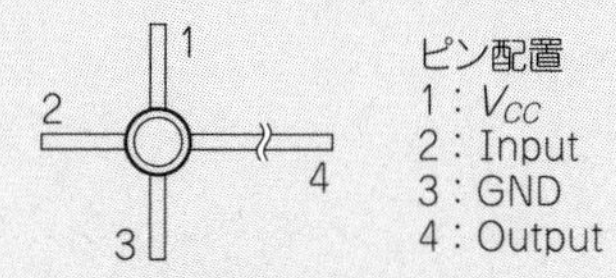

V_{CC}：5V(4.5～5.5V)
I_{CC}：20mA
GP：5V(4.5～5.5V)
周波数帯域：10～1200MHz

データ・シートの周波数帯域は10～1200MHzだが，測定してみると中波，短波帯でも使えた

(b) μPC1651Gの仕様

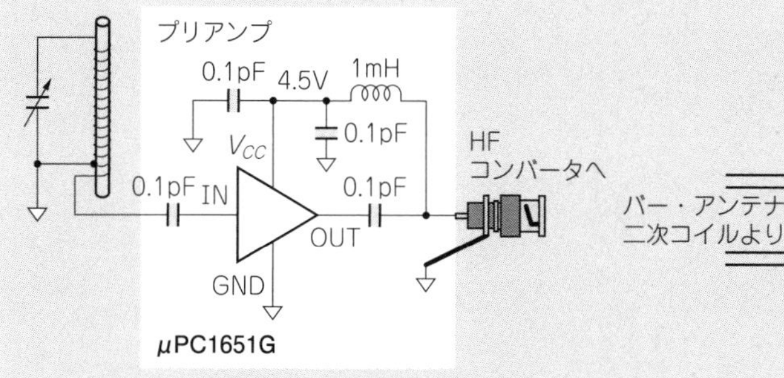

(a) プリアンプの回路図

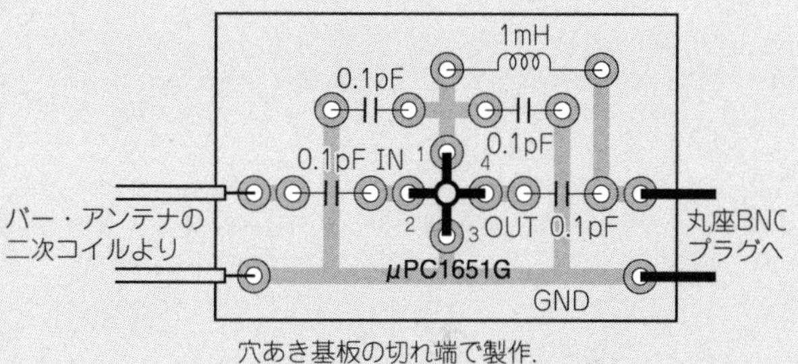

穴あき基板の切れ端で製作．
丸座BNCプラグにメッキ線で取り付け

(c) 部品取り付け図

図5-C　アンテナ直下型プリアンプ

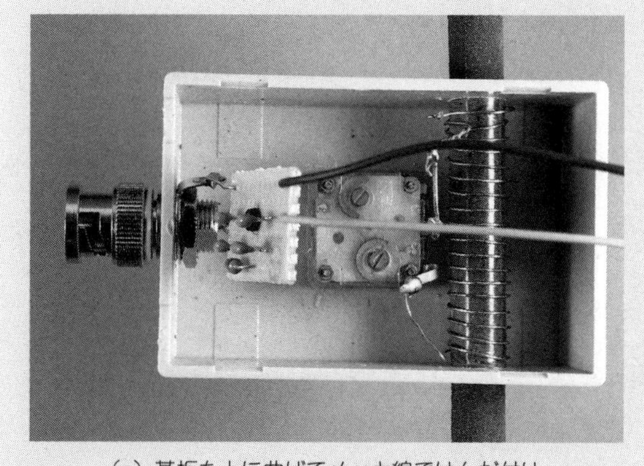

(a) 基板を上に曲げてメッキ線ではんだ付け

(b) 基板をフラットにしてバー・アンテナにはんだ付け

写真5-C　プリアンプの取り付け

●アンテナ・カップラの使い方

アンテナ・カップラにアンテナとUSBドングルのアンテナ端子を接続して受信状態にし，VC_2とVC_3のツマミを中央あたりにセットします．

ソフトウェア・ラジオ用ソフトのHDSDRやSDR#などの画面で，受信レベルを見ながらポリ・バリコンVC_2をゆっくり回して，信号またはノイズのレベルが大きくなるなるようにします．次に，ポリ・バリコンVC_3を回して，レベルが大きくなるようにします．以上を，交互に2～3回繰り返し，信号またはノイズのレベルが最大になるようにします．

アンテナにもよりますが，VC_2を回すと共振するように受信レベルが変化しますが，それに比べるとVC_3を調整しても受信レベルの変化はわかりにくい結果になりました．

●アンテナ・カップラを使ってみると

アンテナ・カップラは，受信機とアンテナの間に入れてインピーダンス・マッチングを取ることができます．さらに，受信周波数に合ってないアンテナでも，カップラを入れて使うこともできるのです．

エア・バンド受信用に，1mほどのワイヤをアンテナにし，アンテナ・カップラで調整して受信することができました．

なお，アンテナ・カップラには，わずかながら損失があるので，すでにマッチングがとれたアンテナは，カップラを使わないほうが良い受信状態が得られます．

[第6章] 設計と実際

※参考文献(14)より転載

広帯域3素子 リング・ループ・アンテナ

広帯域特性の小形アンテナとして，UHF全帯域をカバーする広帯域で高利得の直線偏波リング・ループ・アンテナを紹介します．

本章は，その課題を解決するために，簡易な構造で，直径が小さく，小型化が可能であり，かつ，使用周波数帯域の全帯域にわたって良好な$VSWR$特性が得られる地上デジタル放送用リング・ループ・アンテナを紹介します．周囲長が約1波長のループ・アンテナ素子を多段に配列し，並列に給電したループ・アンテナは，指向性，インピーダンス特性ともに周波数特性がよく，電界，磁界面内の指向性は，半値角は約78°，98°となります．50Ωの同軸ケーブルに整合するように設計されたこのアンテナは，定在波比($VSWR$)2以下の周波数帯域なら49.2%(1.65倍)，1.2以下ならば39.7%(1.49倍)と，広帯域の特性を示します．

6-1 リング・ループ・アンテナの開発背景および原理

2003年12月1日より，3大都市圏の首都圏と中京圏，近畿圏にて，NHK局と民放テレビ局は，地上デジタル放送を開始しました．それに伴い，2011年7月24日までにアナログ放送は終了しました．この地上デジタル放送の周波数帯は，2012年7月25日以降は470～710MHz(13～52ch)を使用しています．

2011年の地上デジタル放送への完全移行に向け，

①放送局同士の電波の干渉による混信
②ビル等の高層建造物遮蔽による難視の受信障害

の対策が求められました．

この対策の一つとして，キャップ・フィラー・システムがあります．比較的(極微小電力局)小電力で再送信が可能であり，経済的かつ迅速に中継局を構築できることにより，受信障害の対策手段として期待されています[1]．

従来，放送用の受信用ループ・アンテナとしては，**図6-1～図6-3**に示すような，折り返しループ・アンテナや指向性ループ・アンテナ，ループ・アンテナがあります．

今回，地上デジタル放送の送信局，受信局等に用いられる直線偏波特性の地上デジタル放送用リング・ループ・アンテナの動作原理について以下に述べます．

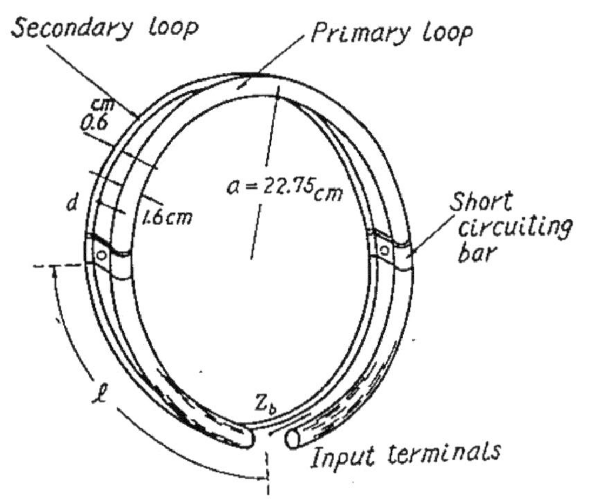

Fig. 1 A folded loop antenna.

図6-1 折り返し受信用ループアンテナ[参考文献(8)より転載]

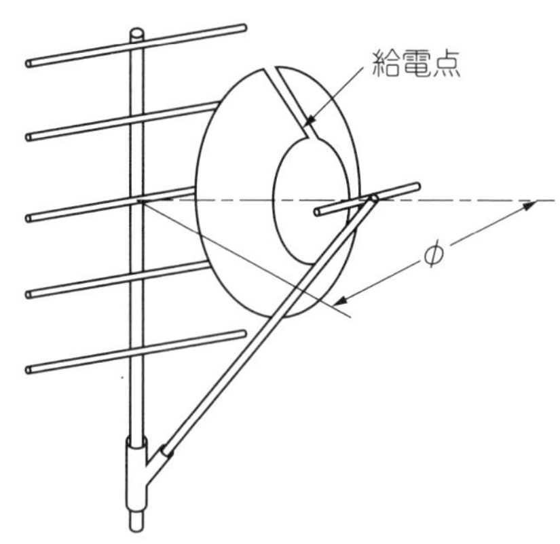

Fig. 7 − Broad-band loop-directive antenna utilizing a conical loop.

図6-2 指向性ループアンテナの一例[参考文献(18)より転載]

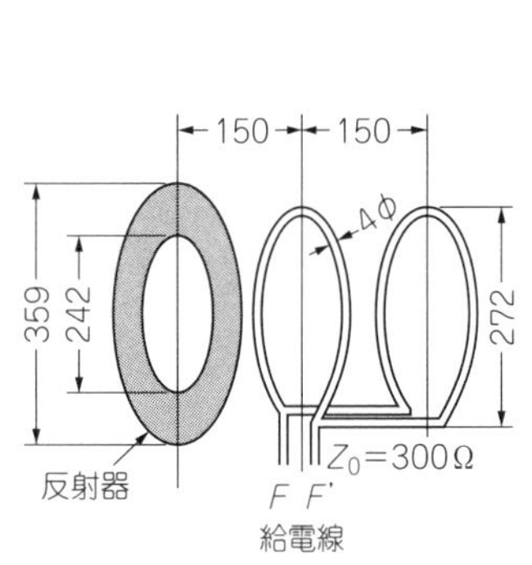

第9図(a) 3素子ループの構成
ループを並列に給電した場合

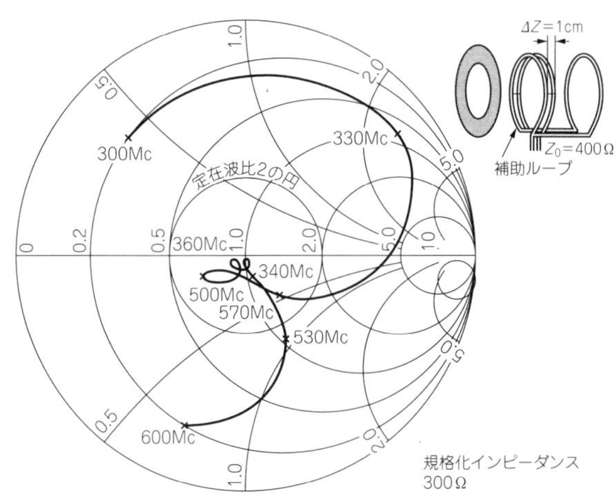

第18図 第7図(c)に示した復号ループ空中線を主空中線に用い，ループ素子を接続する給電線の特性インピーダンスZ_0 = 400Ωとしたときの3素子並列ループの入力インピーダンスの周波数特性

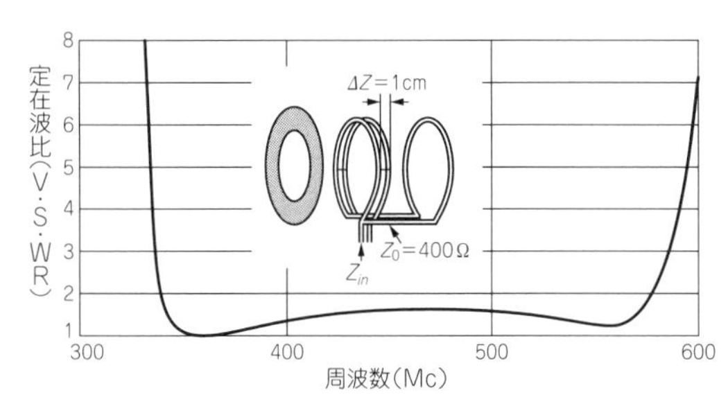

第22図(a) 第7図(c)に示した復号ループ空中線を用いた場合の入力インピーダンスの300Ω給電線に対する定在波比の周波数特性

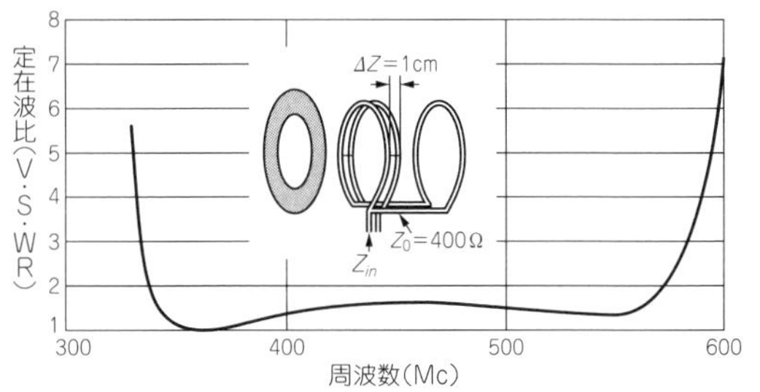

第22図(a) 第7図(d)に示した補合ループ空中線を用いた場合の入力インピーダンスの300Ω給電線に対する定在波比の周波数特性

図6-3 3素子ループ・アンテナの構成および諸特性[参考文献(7)より転載]

周囲長が約1波長のループをエレメントとし，電流が定在波的に乗るように動作させると，ループ・エレメントの面に直角な方向へ直線偏波の電波が放射されます[(2)〜(8)]．このループ・アンテナの指向性は，ループ・エレメントの面と直角方向に最大値を持ちます．偏波面(電界面内)では，ダイポールの放射と同じように8字形の特性となりますが，これと直角な面内(磁界面内)では，ダイポール・アンテナが一様な放射をするのに対し，このループ・アンテナは流れる電流素子の間に距離的な位相があるため，この面内でも軸方向に最大値を持った指向性が得られます．

このループ・アンテナの偏波特性は，理論上，完全な直線偏波となります．このループ・アンテナの放射特性を単方向性にし，さらに鋭いビームを得るためにループを2段並べて軸方向に定在波的に励振し，さらに反射器1素子を加えた3素子の広帯域なループ・アンテナを設計してみます．

要求性能

① 地上デジタル放送用を受信するための広帯域化(470 〜 710MHz)
② 直線偏波である水平偏波(送)受信用アンテナ
③ 平衡給電である
④ 構造が簡易なアンテナ

などがあげられます．

UHF帯放送用送受信アンテナでは，基幹放送局よりの放送波の通信を行うために，アンテナの特性は直線偏波の広帯域特性が要求されます．従来，UHF帯の地上デジタル放送用の送受信アンテナでは，直線偏波特性の八木・宇田アンテナ[(9)〜(11)]と円偏波ループ・アンテナ[(12)]が利用されています．しかし，この八木・宇田アンテナは帯域特性が狭帯域なので，近年ではループ状のアンテナ素子を用い，帯域特性を改善したアンテナが考案されています[(13)]．

地上デジタル放送は，470 〜 710MHzの広い帯域を有しています．また，従来のアンテナは，アンテナの素子数を多素子化することで，高利得とすることが可能です．ただし，素子間隔が0.25λの比較的大きな間隔に設定されるため，構造が大きくなるという点，給電回路(バラン等が必要)が複雑となるという欠点もありました．

このループ反射素子は，使用周波数帯域幅の中心周波数で同調するような大きさで構成されており，そのため低い周波数や高い周波数においては中心周波数より*VSWR*が劣化していました．

そこで，それらの課題を解決するために，簡易な構造で，直径が小さく，小型化が可能で，かつ，使用周波数帯域の全帯域にわたって良好な*VSWR*特性が得られる地上デジタル放送用リング・ループ・アンテナを開発しました[(14)〜(15)(17)]．

周囲長が約1波長のループ・アンテナ素子を多段に配列し，並列に給電したループ・アンテナは，指向性とインピーダンス特性ともに良好で，電界，磁界面内の指向性は，その半値角は約80°，98°となります．50Ωの同軸ケーブルに整合するように設計され，定在波比(*VSWR*)2以下の周波数帯域は，ほぼ49.2%(1.65倍)，1.2以下ならば39.7%(1.49倍)と広帯域特性を示します．

6-2 リング・ループ・アンテナの構成

従来は，ループ素子を多素子(10素子以上)にすることにより，高利得なアンテナが構成されました[(16)]．

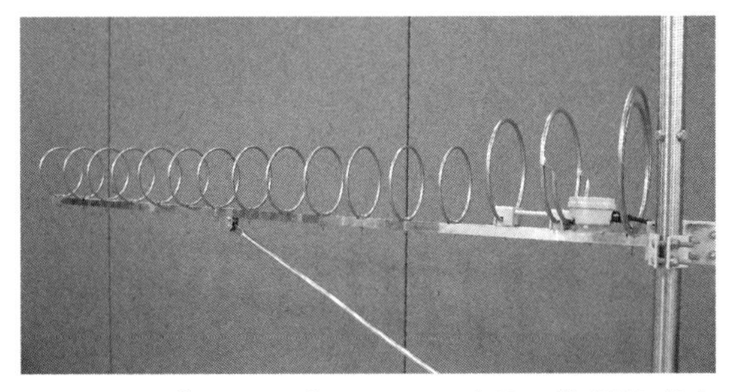

図 6-4　16 素子ループ・アンテナ素子の構成［参考文献(16)より転載］

周波数帯	470～770MHz(13～62ch)		
	C-Type	B-Type	A-Type
	(13～33ch)	(23～49ch)	(35～62ch)
インピーダンス	50Ω(規格化)		
VSWR	2.0以下		
偏波	水平		
利得	14dBd		
接栓	N-P型		
重量	約3kg		

図 6-5　16 素子ループ・アンテナ素子の諸元

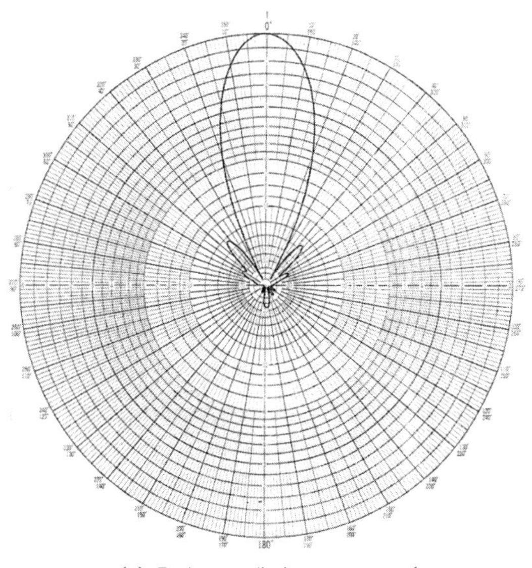

(a) E-plane radiation patterns of B-Type antenna (641 MHz)

(b) H-plane radiation patterns of B-Type antenna (641 MHz)

図 6-6　16 素子ループ・アンテナ素子の指向性

その構成と諸元を**図 6-4**，**図 6-5** に示し，その指向性，インピーダンス，利得の諸特性を**図 6-6** ～**図 6-8** に示します．

この章では，素子数が少なくても高利得が得られるアンテナを目的としました．従来のループ・アンテナの反射素子は，1 個のループ・エレメントで全帯域をカバーできませんでした．**図 6-9** ～**図 6-11** に示すように，反射素子のループ・エレメントを 2 個，3 個と増すことにより，それぞれの周波数に同調するようにしたことが特徴です．このように，アンテナ素子数を少なく，素子間隔を縮めることにより，小型化することができました．

図 6-10，**図 6-11** に示すように，全使用周波数帯域にわたって *VSWR* が良好な特性になるように，反射素子の大きさを 2 重，3 重にすることにより，すなわち，内側には高い周波数で同調する寸法，外側には低い周波数に同調するような大きさの反射素子を付けることにより，低い周波数から高い周波数にわたって良好な特性が得られる構造となっています．

このアンテナは，**図 6-10**，**図 6-11** に示すように，給電方式として，主放射および副放射素子を並列給

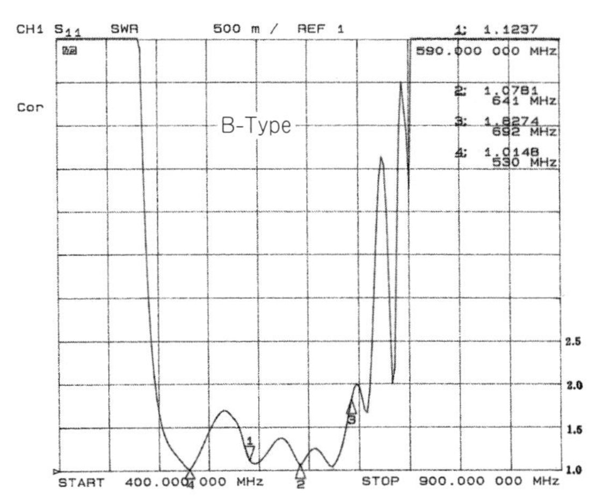

図 6-7　16 素子ループ・アンテナ素子の *VSWR* 特性の実測値

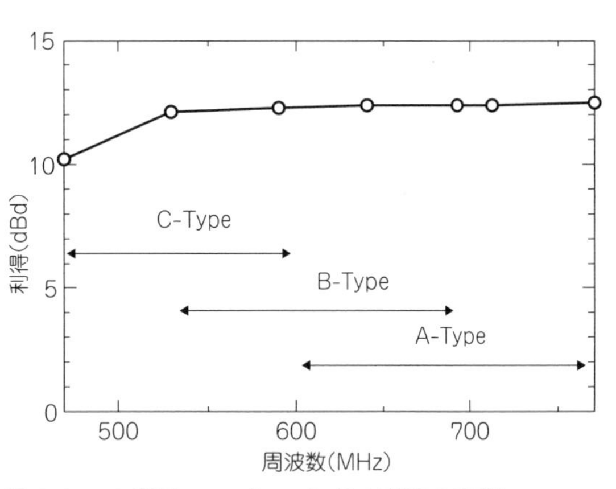

図 6-8　16 素子ループ・アンテナ素子の利得

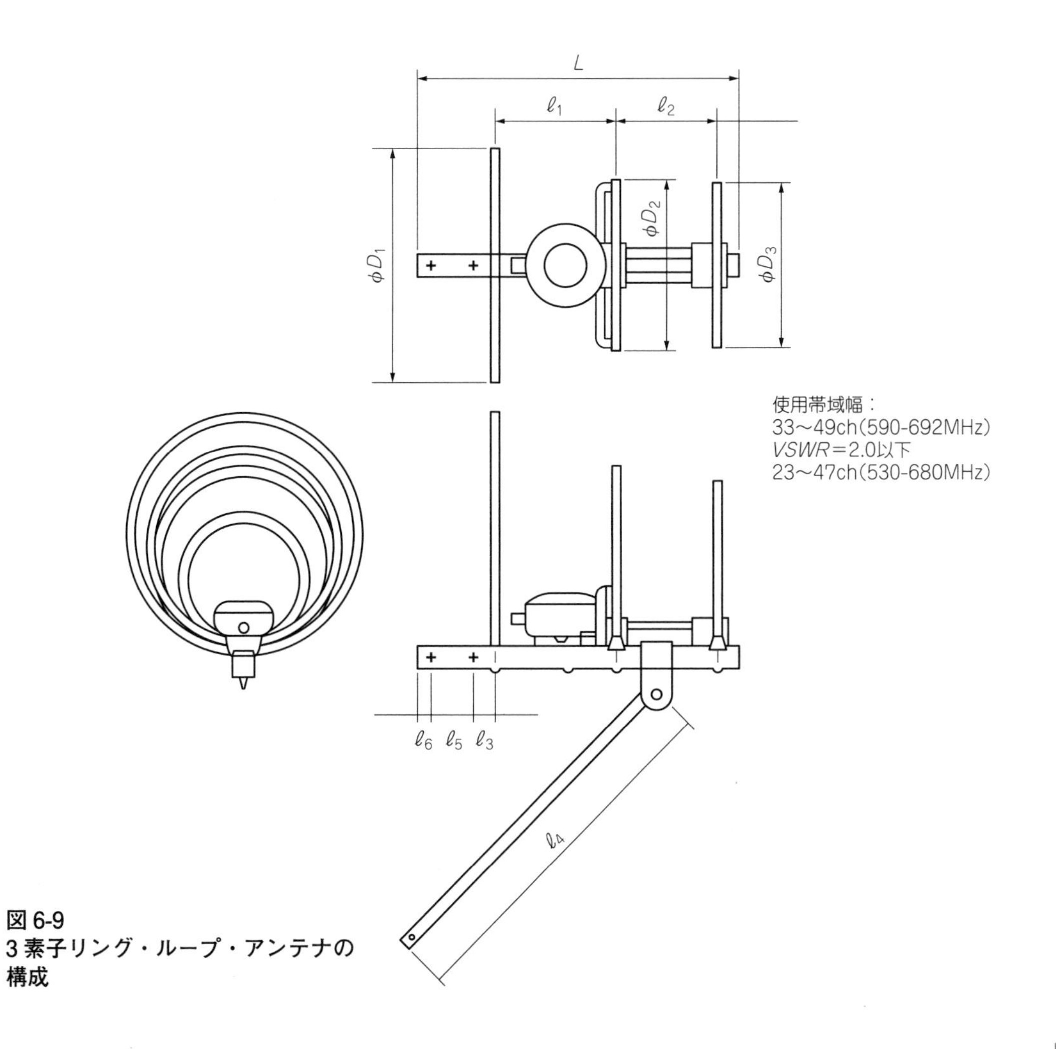

図 6-9
3 素子リング・ループ・アンテナの構成

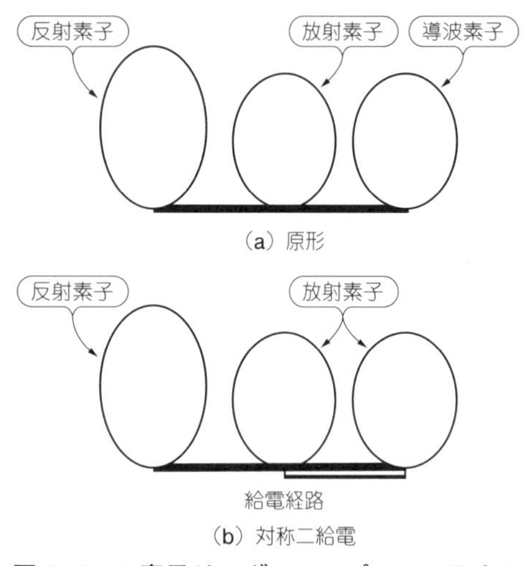

図 6-10　3素子リング・ループ・アンテナの配列

図 6-11　5素子広帯域リング・ループ・アンテナ［参考文献(14)より転載］

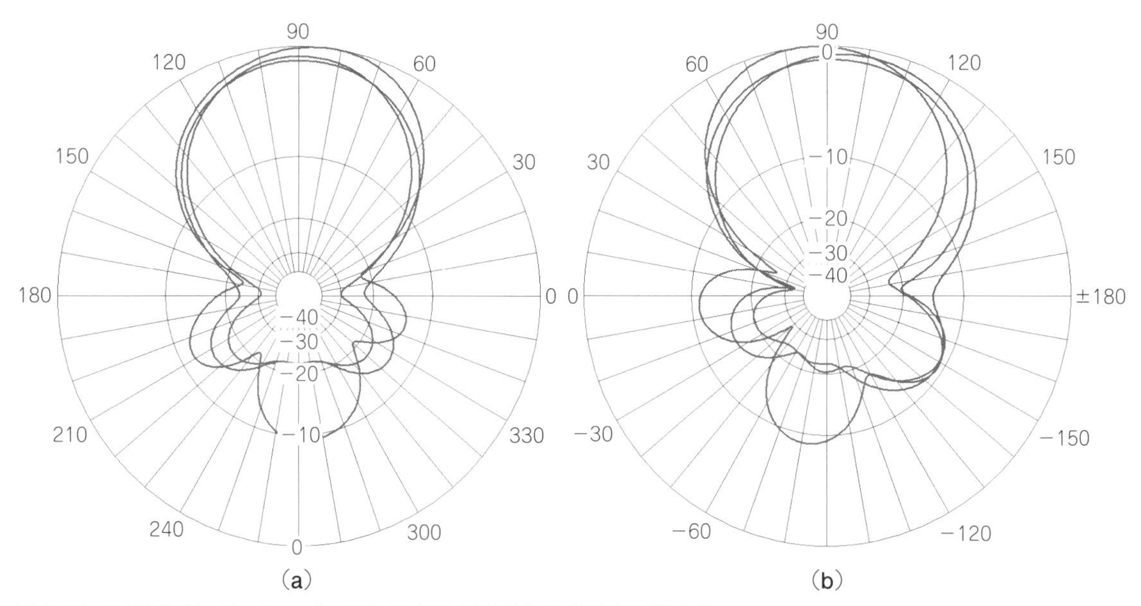

図 6-12　3素子リング・ループ・アンテナの水平面および垂直面指向性

電し，反射素子1素子を加えて縦形に配列した構造となっています．

地上デジタル放送用送受信帯域(470 ～ 770MHz)内の理論値，および実際に組み立てて測定した実験値は，**図 6-10** ～**図 6-11** に示す並列給電方式を用いた5素子構成の直線偏波リング・ループ・アンテナにおいて，UHF 帯の中心周波数を 620MHz(λ_0 = 483.9mm)，主放射素子および副放射素子の周囲長を約 $1\lambda_0$，各素子ループの間隔は中心周波数に対して約 $0.2\lambda_0$ としたループ間隔が，0.2 ～ $0.3\lambda_0$ の場合は，指向性，インピーダンスともに特に大きな差は見られませんでした．反射素子の各対応周波数における周囲長を約 $1.05\lambda_0$ に設定した場合の，水平面指向性と垂直面指向性の理論値を，**図 6-12(a)(b)** に示します．470MHz

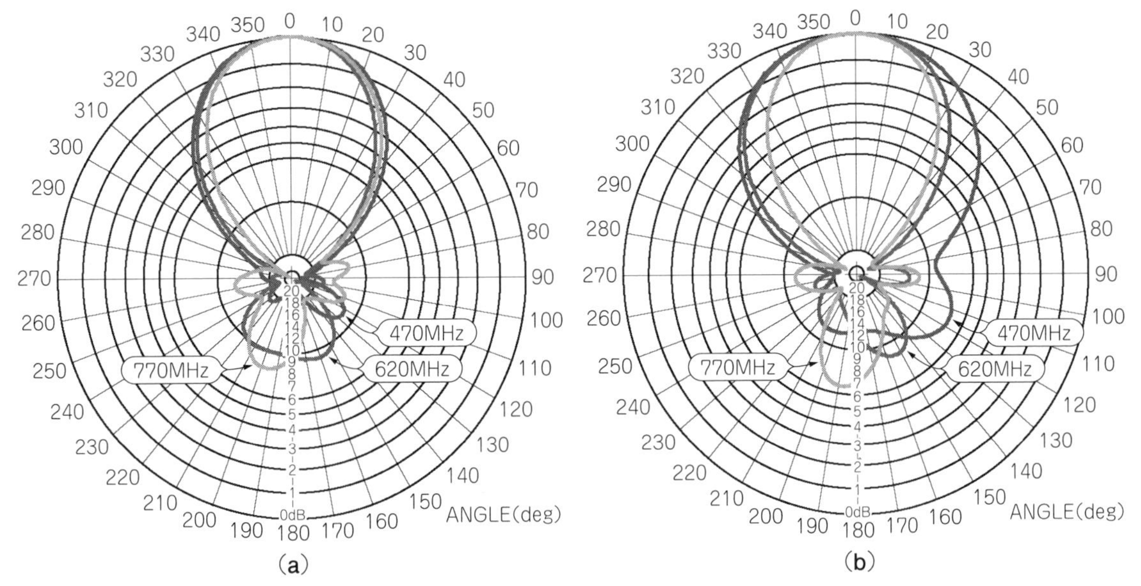

図 6-13　3 素子リング・ループ・アンテナの水平面および垂直面指向性（実測値）

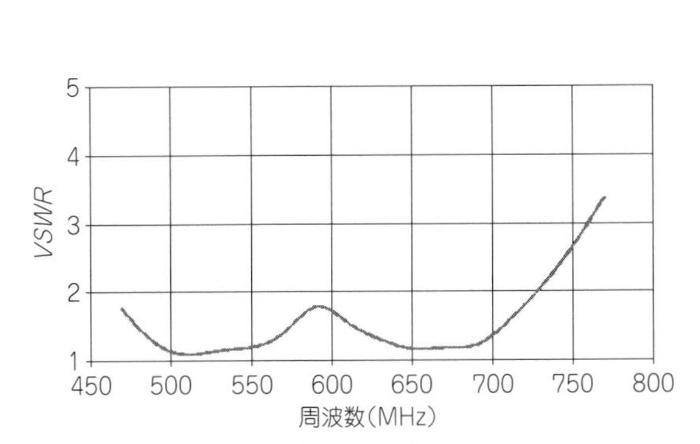

図 6-14　3 素子リング・ループ・アンテナの *VSWR* 特性

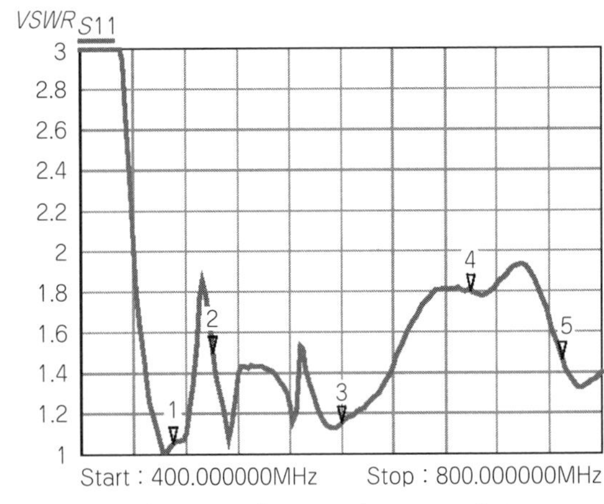

図 6-15　3 素子リング・ループ・アンテナの *VSWR* 特性（実測値）

の低域周波数，620MHz の中域周波数，770MHz の高域周波数における指向性を示しています．

次に，実測値を**図 6-13**(a)と**図 6-13**(b)に示します．両者共に，ほぼ同じように 470 ～ 770MHz の全帯域にわたって，8dBi 以上の利得が得られました．

次に，*VSWR* 特性についてみていきます．

図 6-14 と**図 6-15** に，理論値と実測値を示しました．実測値では，470 ～ 720MHz の UHF 全帯域にわたって *VSWR* = 2.5 以下の特性が得られました．なお，この特性インピーダンスは 75Ω としています．このループ・アンテナの *VSWR* は，平行線路の特性インピーダンス Z_0，および主放射素子のインピーダンスを適当に選ぶことにより，任意のインピーダンスにすることができます．

上記の特徴は，主放射素子群のリング・ループを並列に接続し，素子間隔を縮めることによって各ルー

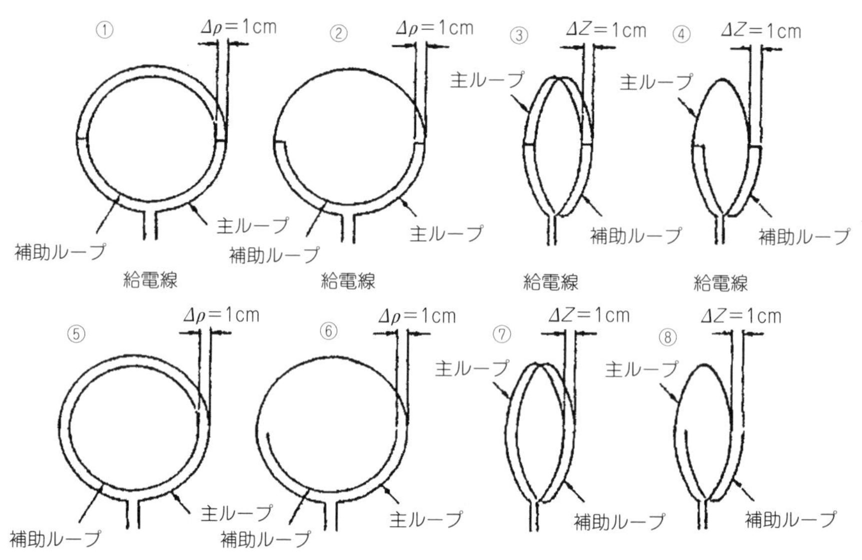

図 6-16　インピーダンス逓昇用複合ループ［参考文献(7)より転載］

プ素子に進行波電流を乗せることができ，平行２線線路給電を行うことにより，帯域の劣化を防ぐ役目をしています．また，反射素子は，それぞれの周波数に共振させるようにしているために，変換バランがなくとも同軸給電ケーブルに漏洩電流が流れません．

次に，主放射素子を含む２素子のループを並列に接続し，平衡給電することによって広帯域の特性を得ています．これは，ループ素子間の結合を利用しています．

入力インピーダンスの値を増加させるために，折り返し半波長アンテナと同様な考え方で，**図 6-16** に示すように同心円形と同軸形の補助ループを付けて複合ループ・アンテナとすると，同図でループ・アンテナと補助ループの距離が波長に比べて十分に小さければ，このアンテナ系の放射特性を変えることなく，インピーダンスの逓昇を行うことができます．

上記の構造でインピーダンスの周波数特性がよいのは，①の同心円形の場合で，③の同軸形のループがそれに続き，以下⑤，⑦の順になっています．半月形にした②および④が，入力インピーダンスの周波数特性はやや悪化します．製作の容易性を考えて，ここでは同軸形の③，④について検討を行いました．

6-3　インピーダンス逓昇用複合ループ・アンテナ素子を用いた場合

図 6-16 に示すような各形状で，インピーダンス逓昇を行ってみました．

① 同心円形(円閉ループ)
② 円心円形(半円閉ループ)
③ 同軸形(円閉ループ)
④ 同軸形(半円閉ループ)
⑤ 円心円形(円開ループ)
⑥ 円心円形(半円開ループ)

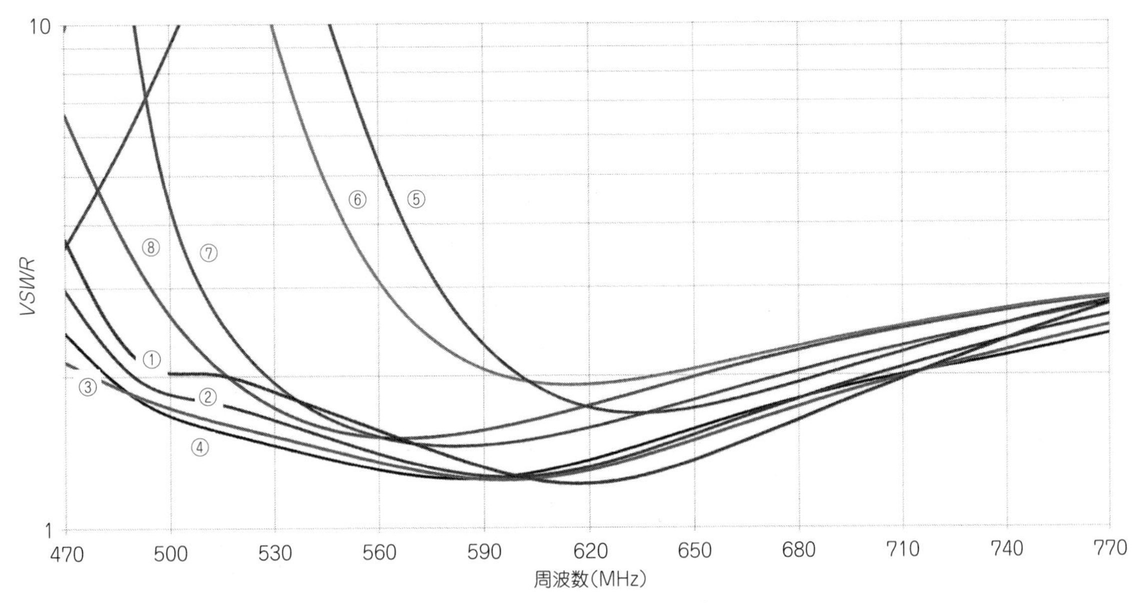

図6-17　3素子リング・ループ・アンテナの *VSWR* 特性(間隔10mm)

⑦ 同軸形(円開ループ)
⑧ 同軸形(半円開ループ)

以上の8通りの，インピーダンス逓昇時の特性を**図6-17**に示します．

①と②は，主ループの中に入れる補助ループの間隔を狭めたときに良好な特性が得られました．

③と④は，①，②の場合と同様に，主ループと補助ループの間隔を狭めると良好な特性となりました．

⑤と⑥は，①，②に形状がやや似ていますが，中心部の短絡片がない構造です．主ループと補助ループとの間隔は，ある程度広げたときに良好な特性が得られました．

⑦と⑧は,，主ループと補助ループの間隔を広げたほうが良好な特性が得られました．

全体的に，①②③④に対して⑤⑥⑦⑧はよくない結果が得られました．開ループは閉ループに比べて全体的に特性はよくないようです．そこで，今後は，③，④の形状について考察します．

6-4　設計および結果

今，主放射素子と1個の複合ループを用い，素子間隔を5～80mm($0.01\lambda_0$～$0.165\lambda_0$)の間を5mm($0.01\lambda_0$)間隔で変化させてみます．次に主放射素子と2個の複合ループを前方に2個，または前後に1個置き，素子間隔を5～50mm($0.01\lambda_0$～$0.103\lambda_0$)とした場合について考察してみます．

インピーダンス逓昇用複合ループとして，**図6-18**の③に示したものと，**図6-18**の④に示したものとでは，ほとんど同一の特性が得られました．その電流分布を，**図6-19**に示します．特性インピーダンス125Ωの平行2線の給電線に対する*VSWR*特性を，**図6-20**と**図6-21**に示します．

これらの結果より，複合ループを用いた場合，インピーダンスは予想どおり改善されることがわかりました．すなわち，インピーダンスを50Ωとして，470～710MHzの周波数帯域にわたって*VSWR* = 2以

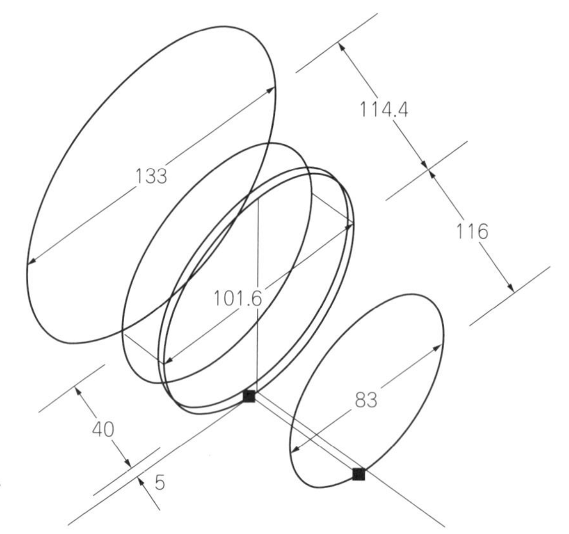

図 6-18
3素子リング・ループ・
アンテナの構成

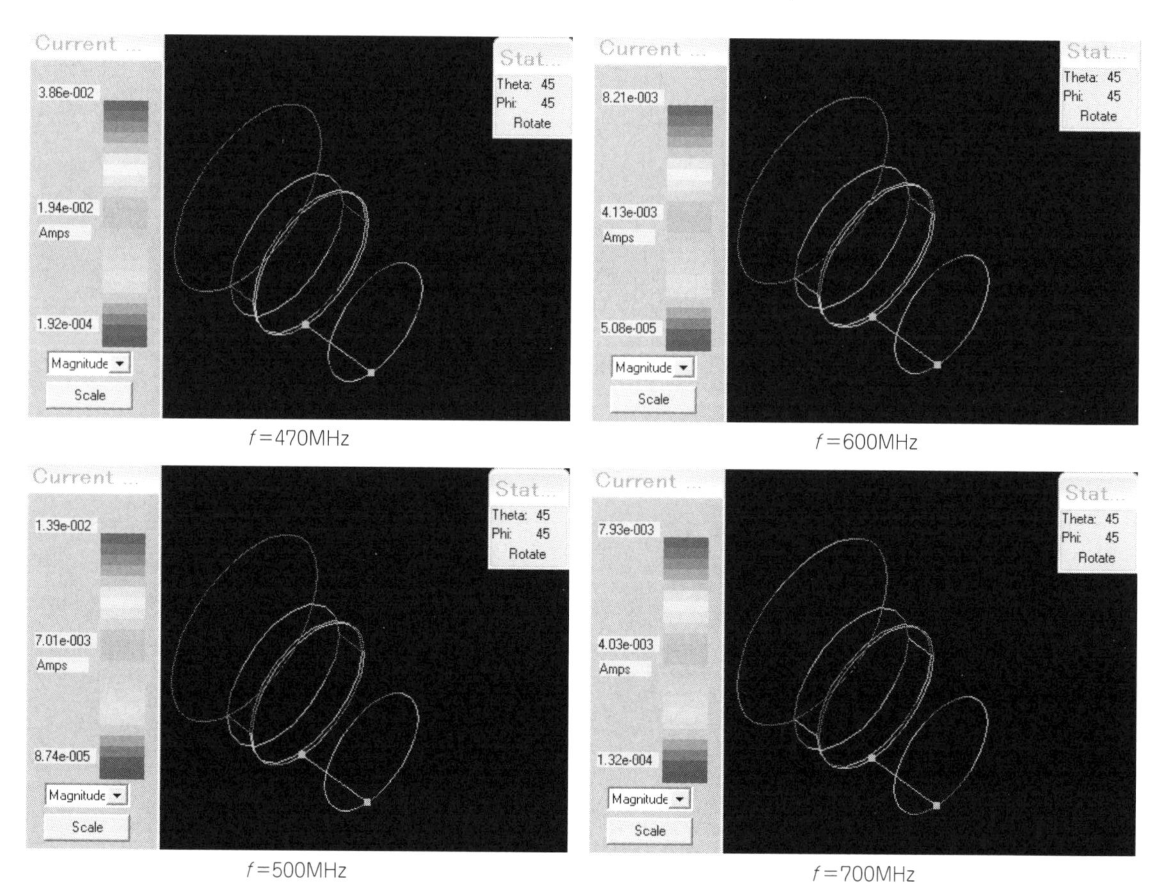

図 6-19　各周波数における電流分布

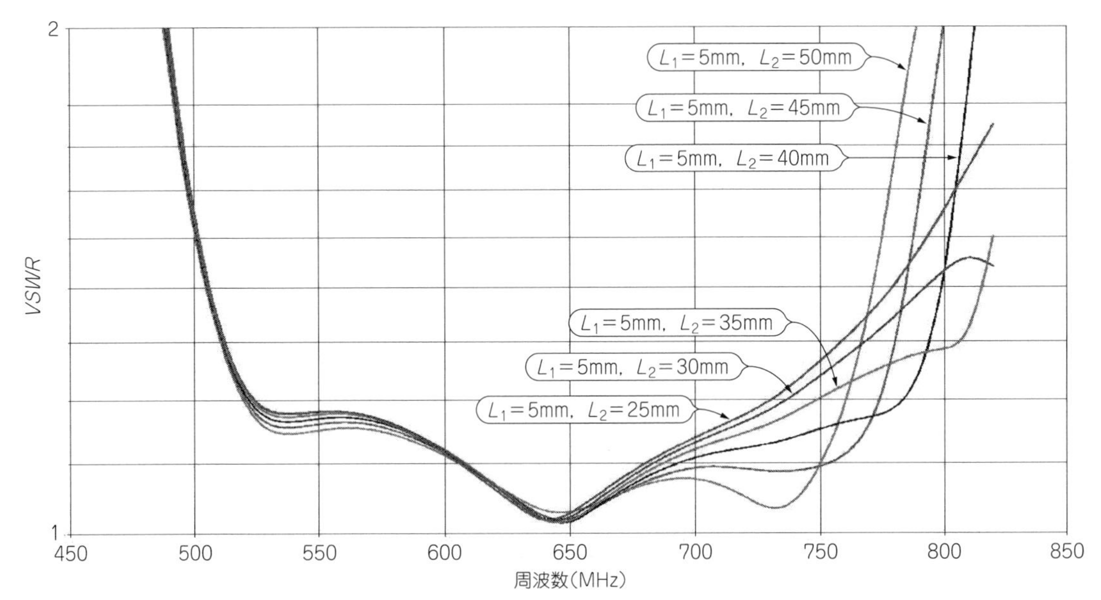

図 6-20　3 素子リング・ループ・アンテナの L_1 固定および L_2 可変の *VSWR* 特性

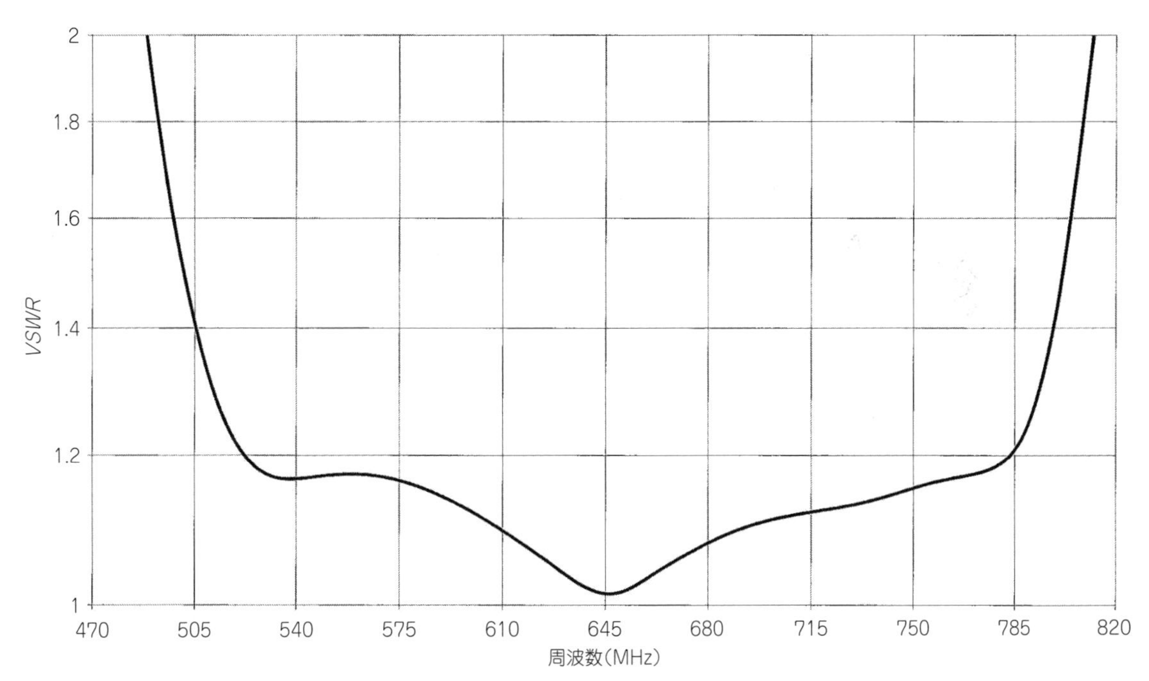

図 6-21　3 素子リング・ループ・アンテナの *VSWR* 特性(間隔 L_1 = 5mm, L_2 = 40mm)

下に押えることができます．特に $VSWR$ = 1.2 以下の帯域は 39.7%となりました．**図 6-22** に示すように，予想通り指向性に対しても 470 ～ 710MHz にわたって電界面，磁界面，ともに単指向性の特性が得られました．**図 6-23** に示すように，利得は目標値 5dBi 以上の値を得ることができました．

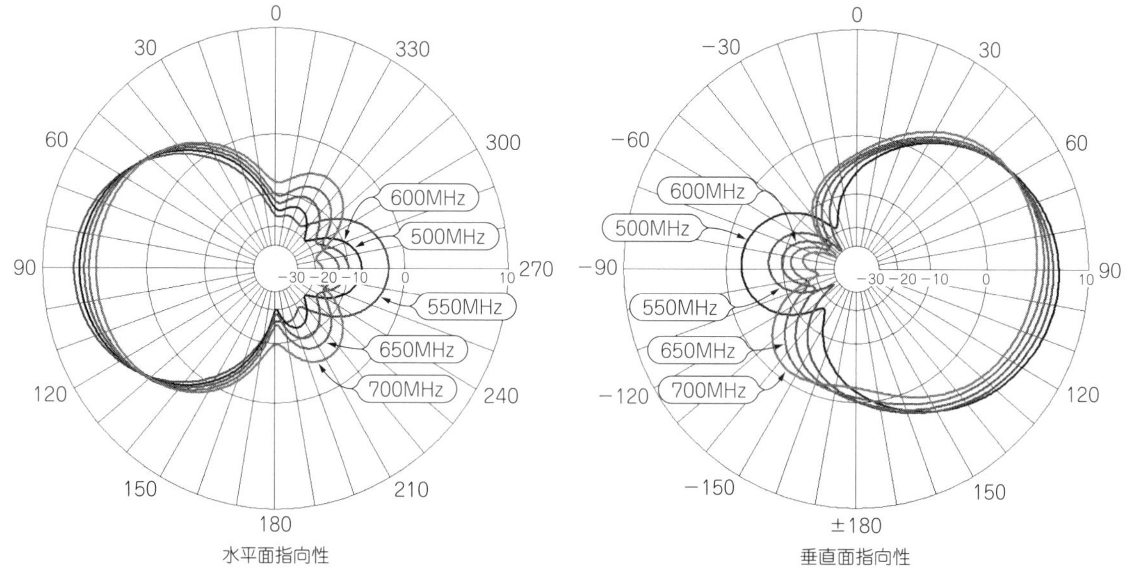

図 6-22　2 素子リング・ループ・アンテナの指向性

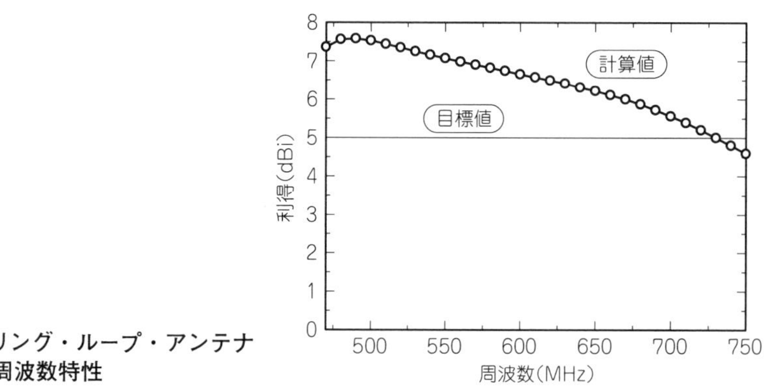

図 6-23
3 素子リング・ループ・アンテナ利得の周波数特性

6-5　まとめ

地上デジタル放送用送受信アンテナ，および中継局の送信受信アンテナの実用化に向けての設計，試作を行いました．本アンテナの広帯域化は充分に実用性があり，実施し得るものであることを確認できました．この定在波で動作された円周一波長ループ・アンテナを組み合わせてアンテナを構成する場合，その励振方法により並列給電方式が指向性およびインピーダンスの周波数特性において優れており，高い実用性があることがわかりました．

前述したように，本アンテナの特長としては，インピーダンス，指向性ともに広帯域性を持っており，また電界，磁界面内の指向性は，3 素子の場合，半値角が約 78°，98°になり，489 ～ 812MHz にわたって $VSWR$ = 2 以下です．

さらに，補助ループを用いた複合ループ・アンテナとすれば，インピーダンスを逓昇することができ，平行 2 線給電線に接続することが容易である点も特長と言えます．

[第7章] 電磁界シミュレータによる設計

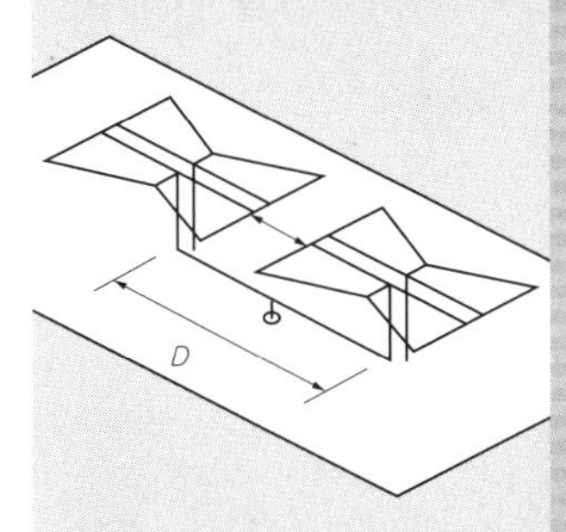

有限反射板付き2, 4, 6素子変形バット・ウイング・アンテナ

広帯域で高利得，小型，軽量のバット・ウイング・アンテナの入力インピーダンスが50Ωになるような構造にして，バランが不要になるように改良してみました．

ここでは，変形バット・ウイング・アンテナ素子の前方に，無給電素子である同形状のアンテナ素子を配置することによる特性の変化を理論的に求めました．なお，本書は受信用として考察するために，*VSWR*は2.0以下を目標としています．また，バランを使用せず，入力インピーダンスが50Ωになるような構造を提案し，反射板は有限板として検討を行いました．すなわち，アンテナの形状，反射板との距離およびその間隔と素子間の間隔を種々変化させた場合の広帯域特性について検討しました．

定在波比(*VSWR*)2以下の周波数帯域は，約61.1%(2段)，62.1%(4段)，62.5%(6段)となり，広帯域特性が得られました．最大指向性利得は，11.1dBi，14.0dBi，16.3dBi前後比−17.2dB，−17.0dB，−16.9dBと良好な値となりました．なお，中心周波数は，f_0 = 500MHzとしました．

7-1　変形バット・ウイング・アンテナの背景および原理

現在，地上波デジタル放送は，日本全国至る所の世帯で受信可能となっています．あと残りの数十%程度の世帯に向けて小規模な中継局と，さらに規模の小さいミニサテの建設が急ピッチで進められているところです．**図7-1**に示すように，今後山間部や難視聴地域，ディジタル混信などの電波の届き難い地域で

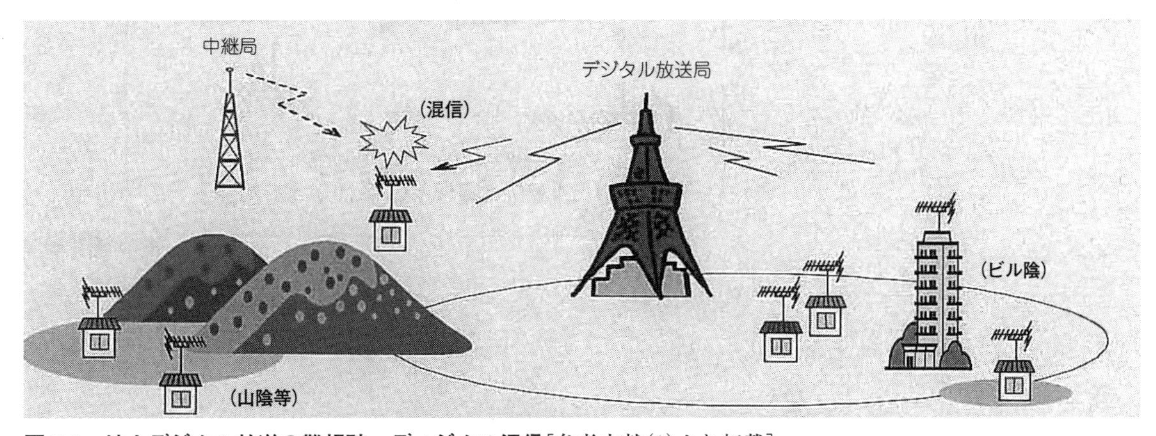

図7-1　地上デジタル放送の難視聴，ディジタル混信[参考文献(1)より転載]

は，ギャップ・フィラーによる難視聴の解消が進むことが予想されます[1]．

地上波デジタル放送は，一つの送信局に複数のチャネルが割り当てられるので，今後，多チャネル化が進むと予想されます．アンテナのコストを下げるために複数のチャネルをカバーできる広帯域で簡易な構造のアンテナが有効となるわけです．

従来，UHF帯用送信アンテナとしては，双ループ，ヘリカル，反射板付きダイポール・アンテナなどが用いられていますが，これらのアンテナは分岐導体型，分割同軸型のバランを使った複雑な構造となっているのが一般的です．双ループ・アンテナは平衡給電方式ですが[2]，複雑な回路構成となるため，コスト高となります．

これらを考慮すると，反射板付き変形バット・ウイング・アンテナが有利になります[2][3]．原型となる変形バット・ウイング・アンテナ素子は簡易な給電構造で，入力インピーダンスが一定値となります．

この章では，変形バット・ウイング・アンテナ素子の前方に無給電素子である同形状のアンテナ素子を配置することによって，特性の変化を理論的に求めてみます．

なお，本章は受信用として考察するために，*VSWR* は2.0以下を目標としています．また，分岐導体，分割同軸のバランを使用せず，同軸線路をアンテナと直接給電した状態で，インピーダンスが50Ω となる構造になるよう，また，反射板は有限板の完全導体として検討することにします．

7-2　変形バット・ウイング・アンテナ構成

変形バット・ウイング・アンテナの給電方式には，平行線路給電方式(**図7-2**)と平衡型給電方式(**図7-3**)，不平衡型給電方式(**図7-4**)の三つの給電方式があります．本章の給電方式は，不平衡型給電方式を用いました．

図7-4は，基本素子となる変形バット・ウイング・アンテナの構造図です．反射板付き2素子アンテナ部と，一体化構造の給電部図から構成されています．

変形バット・ウイング・アンテナは，導体(銅あるいは真鍮)によって構成され，この導体部材の波長より十分細い半径を持つアンテナ素子の給電部の両側に4分の1波長のスタブを設け，その線路に沿ってバット・ウイング・アンテナ素子を接続しています．中心周波数を500MHz(波長 λ_0 = 600mm)とすると，スタブの長さ LW_0 は，150mm(0.042 λ_0)となります．このとき，ウイング部の長さ $LW_1 + LW_2 + LW_3$ を300mm(0.5 λ_0)にすると，入力インピーダンスが中心周波数を中心にフラットな特性となります[4]〜[7]．

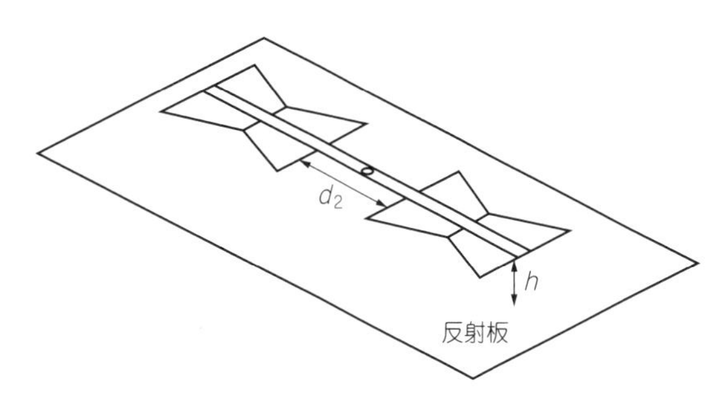

図7-2　アンテナ給電方法(Ⅰ)(平行線路給電)

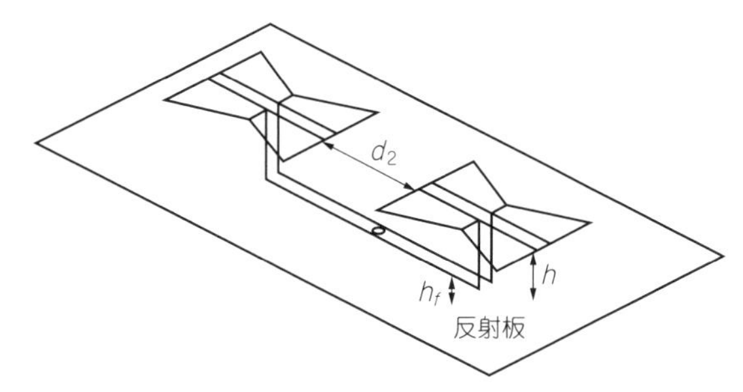

図7-3　アンテナ給電方法(Ⅱ)(平衡型給電)

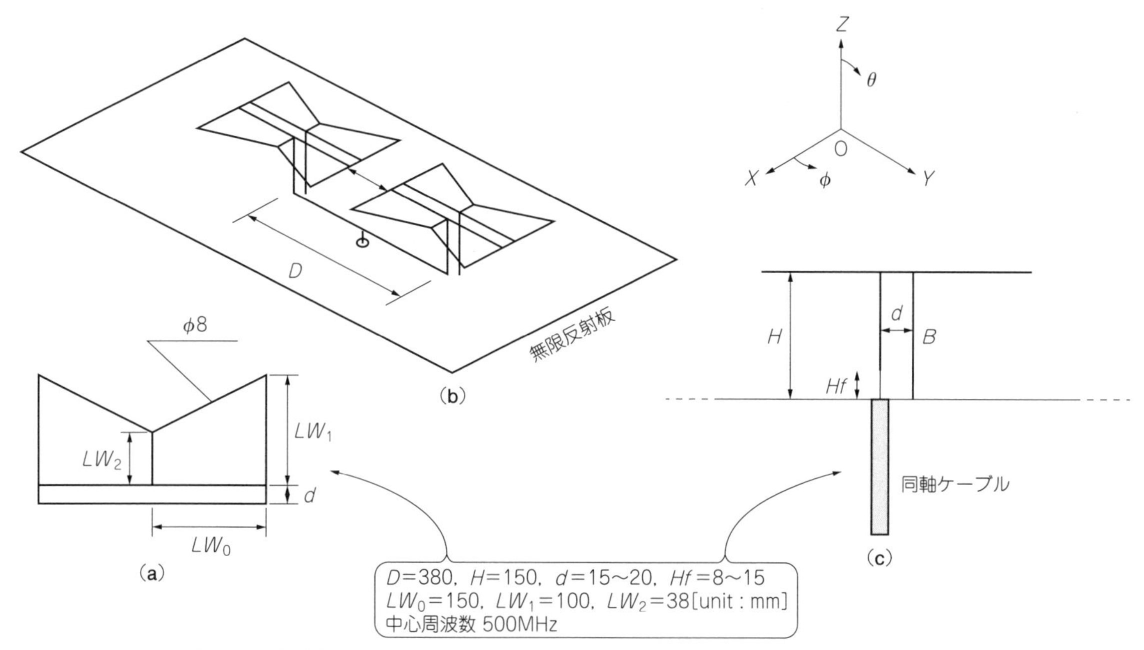

図 7-4　アンテナ給電方法(Ⅲ)(不平衡型給電)

LW_1 と LW_2 の組み合わせ例を，**図 7-4**(**a**)と**図 7-9** に示します．今，LW_1 と LW_2 の長さは，それぞれ 105mm($0.175\lambda_0$)と 25mm($0.042\lambda_0$)としました．単体の場合は，この LW_1 と LW_2 の比率が大きくなるほど帯域が狭くなり，逆に小さくなると帯域が広がりますが，共振周波数は変化します．

図 7-4(**b**)は，反射板付き 2 素子変形バット・ウイング・アンテナの構成です．反射板は無限大の完全導体としました．各素子の中心間距離を D，反射板からの高さを H としました．矢印部分は，リアクタンス調整用トラップも兼ねています．

図の A 部では，両素子を平行 2 線で連結することによりアンテナ強度は増し，また，トラップ回路としても利用します．従来は，**図 7-2** に示すように，平行線路で二つのバット・ウイング素子を連結し，その中央部で平衡給電を行っていました．このときの入力インピーダンスは，約 100Ω 付近になりますが，実際にアンテナを製作する際には，平衡不平衡変換回路およびインピーダンス変換器が必要となります．

反射板と給電位置との間隔が狭いため，双ループ・アンテナに用いられているような分岐導体型や分割同軸型のバランを組み込むスペースがありません．そこで，**図 7-4**(**c**)の B 部に示すように，一方は素子から直接反射板に接続し，もう一方は反射板から高さ H_f で二つの素子を連結し，中央で不平衡給電を行います．

B 部の反射板に垂直な平行線路は非対称構造になりますが，バット・ウイング素子に含まれる 4 分の 1 波長スタブの効果によって比較的対称な電流分布となり，不要放射が小さくなると考えられます．

なお，入力インピーダンスは平衡給電を行う構造に対して約半分になり，反射板に平行な給電線の高さ H_f と，平行線路の間隔 d を調整することにより，50Ω にすることができます．また，同軸線の中心導体と給電線の接続部の形状により，リアクタンスの調整が可能です．

7-3 反射板付き2素子変形バット・ウイング・アンテナ

反射板付き2素子変形バット・ウイング・アンテナは，広帯域な特性を持つアンテナです(2)．原型となる変形バット・ウイング・アンテナ素子は簡易な給電構造で，入力インピーダンスが一定値となります．

本章では，この変形バット・ウイング・アンテナ素子の前方に，無給電素子である同形状のアンテナ素子を配置することによる特性の変化を理論的に求めてみました．

なお，ここでは受信用として考察するために，*VSWR* は2.0以下を目標としました．また，バランを使用せず，入力インピーダンスが50Ωになるような構造として，反射板は無限大の完全導体としました．アンテナの形状，反射板との距離およびその間隔と素子間の間隔を種々変化させた場合の帯域特性をみていきます．

なお，中心周波数は，f_0 = 500MHz(波長 λ_0 = 600mm)としています．

7-4 設計および結果

反射板付き2素子変形バット・ウイング・アンテナの構成，および座標系を**図7-5**に示します．このアンテナは，外周と内周の比で帯域が決められます．つまり，その比が大きいと広帯域になり，小さいときは *VSWR* 特性が悪化します．なお，反射板の間隔は，H = 150mm(0.042 λ_0)(固定)，素子間隔 D = 330mm(0.55 λ_0)(固定)とし，一例として単体で良好な特性が得られる構造で，*VSWR* の2素子の場合の特性を**図7-6**に示しました．

VSWR = 2.0以下の帯域幅は約45%となっています．素子が単体の場合より，2素子の場合の方が広帯域にわたって良好な特性が得られました．反射板は無限反射板としました．

図7-7に，垂直面(Y-Z面)指向性と，水平面(X-Z面)指向性の放射パターンを示します．

サイドローブは素子間隔で変化するので，ここでは利得との関係上，中心周波数において0.633 λ_0 に固定しました．**図7-8**に利得の周波数特性を示します．中心周波数において，最大指向性利得は13dBi程度となりました．

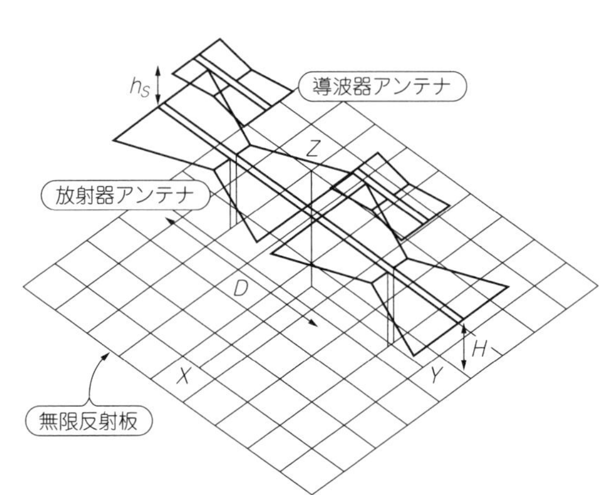

図7-5
2段無限反射板付き変形バット・ウイング・アンテナの構造

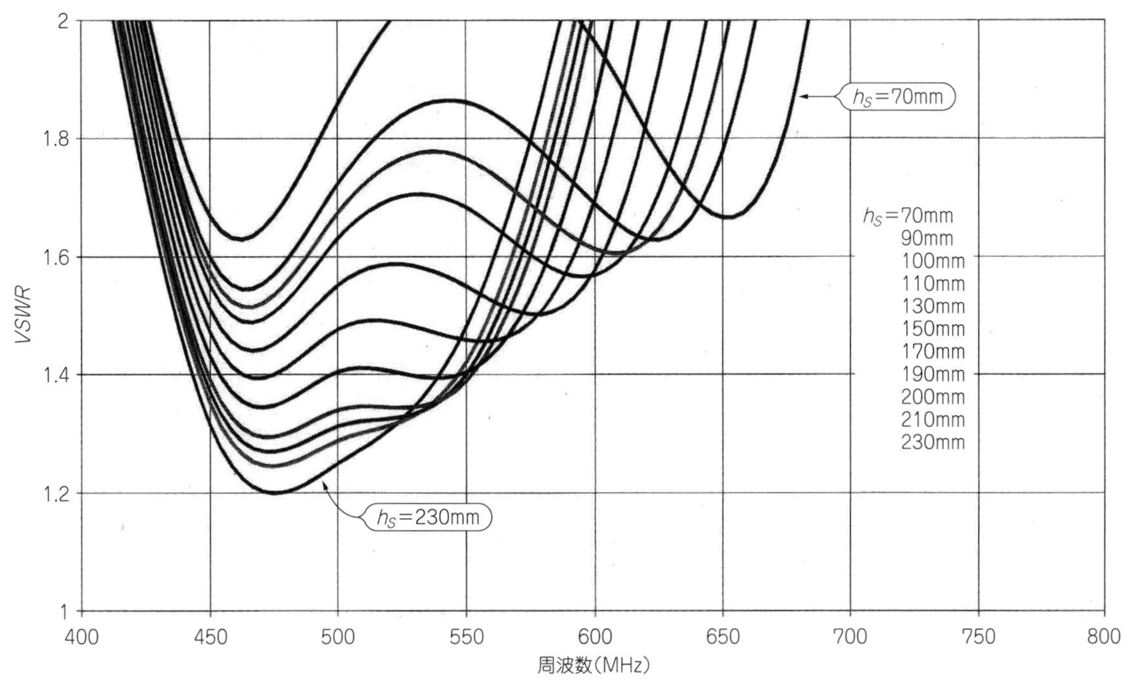

図 7-6　2 段無限反射板付き変形バット・ウイング・アンテナの *VSWR* 特性

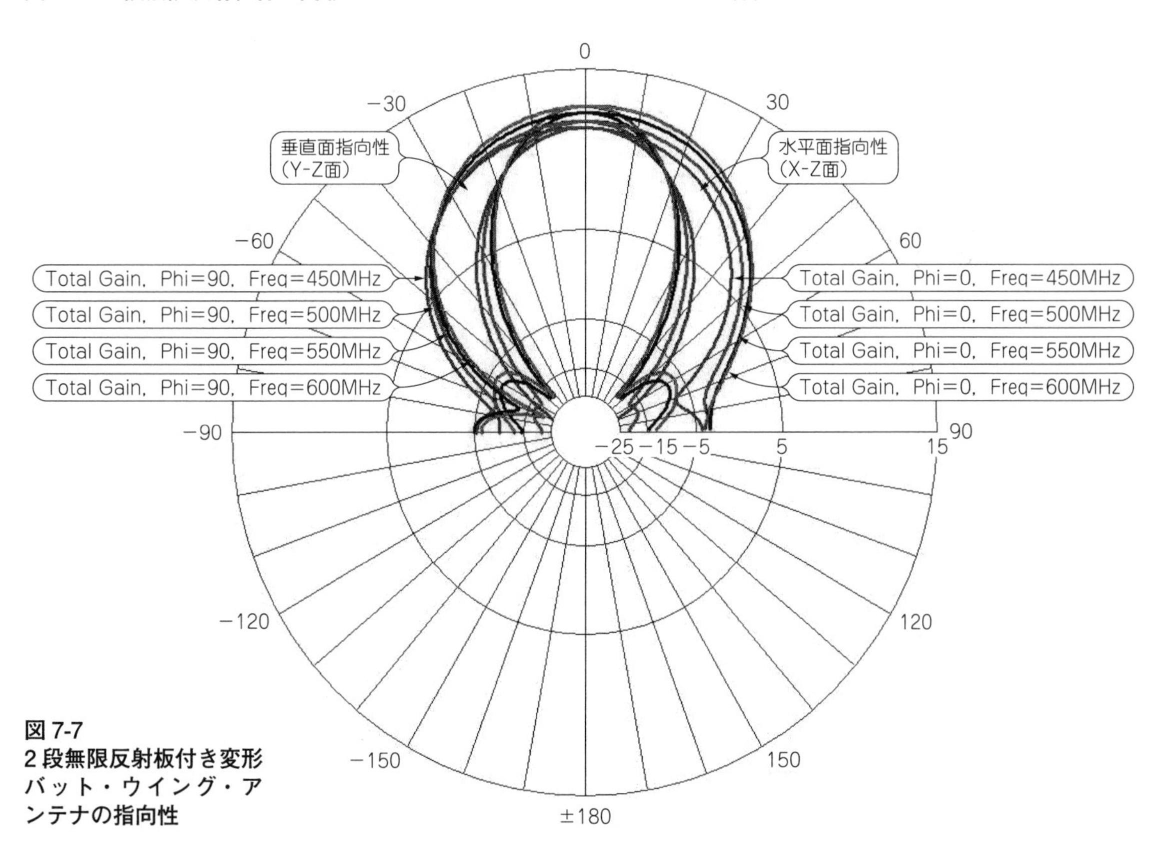

図 7-7
2 段無限反射板付き変形バット・ウイング・アンテナの指向性

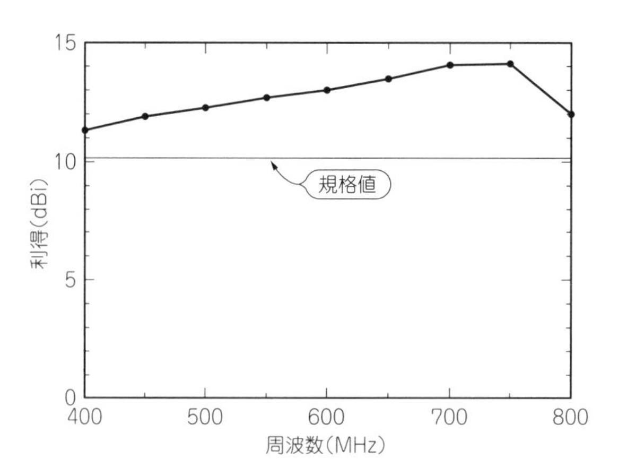

図 7-8
利得の周波数特性

7-5　有限反射板付き 2，4，6 素子変形バット・ウイング・アンテナ

数値計算には，電磁界シミュレータの NEC2 を用いました．**図 7-9** に，有限反射板付き 2 素子変形バット・ウイング・アンテナの諸元を示します．**図 7-10**，**図 7-11**，**図 7-12** に，2 素子，4 素子，6 素子アンテナの構成および座標系を示します．

このアンテナも外周と内周の比で帯域が決められます．その比が大きいときは広帯域となり，小さいときは $VSWR$ 特性が悪化します．しかし，副放射素子を装荷することによって広帯域化が可能です[(8)～(12)]．

今回は，2 段，4 段，6 段として，有限反射板が 640×220mm($1.07\lambda_0 \times 0.367\lambda_0$)，1360×220mm($2.27\lambda_0 \times 0.367\lambda_0$)，2000×220mm($3.33\lambda_0 \times 0.367\lambda_0$)，構造比率(主放射素子対副放射素子)1：04，アンテナ素子間隔 D は 380mm($0.633\lambda_0$)一定とし，主放射アンテナ素子と副放射アンテナ素子間隔 h_S を 50 ～ 20mm($0.083\lambda_0$ ～ $0.0.033\lambda_0$)，有限反射板とアンテナ素子間隔 H を 150 ～ 120mm($0.25\lambda_0$ ～ $0.2\lambda_0$)に変化させて測定しました．

低い周波数側の特性はほぼ等しく，高い周波数側では LW_1 と LW_2 の比率が小さいと $VSWR$ が悪化し，比率が大きいと帯域が狭くなりました．帯域がフラットな特性になるのは，LW_1 = 105mm($0.175\lambda_0$)，LW_2 = 25mm($0.042\lambda_0$)でした．

送信アンテナの場合，$VSWR$ は 1.2 以下が要求されますが，数値計算では，線材の直径や形状による入力インピーダンスの微調整が困難なために，$VSWR$ 約 1.5 以下を目安にします．

帯域を算出した結果，LW_1 = 105mm($0.175\lambda_0$)，LW_2 = 25mm($0.042\lambda_0$)，$H + h_S$ = 170 ～ 185mm($0.283\lambda_0$ ～ $0.308\lambda_0$)で，**図 7-13**，**図 7-14**，**図 7-15** に示すように，$VSWR$ が 1.5 以下になる帯域は，215MHz(36.4%)となりました．また，$VSWR$ = 2.0 以下の帯域幅は $H + h_S$ = 145mm($0.242\lambda_0$)で，**図 7-16** に示すよう

図 7-9
2 段有限板付き変形バット・ウイング・アンテナの構造の諸元

型式：95-48(LW_1：LW_2)
100-38(LW_1：LW_2)
105-25(LW_1：LW_2)
h_S(間隔)：150～10mm(可変)
D(素子間隔)：330mm(固定)
H(反射板間隔)：150mm(固定)
比率：1.0～0.5

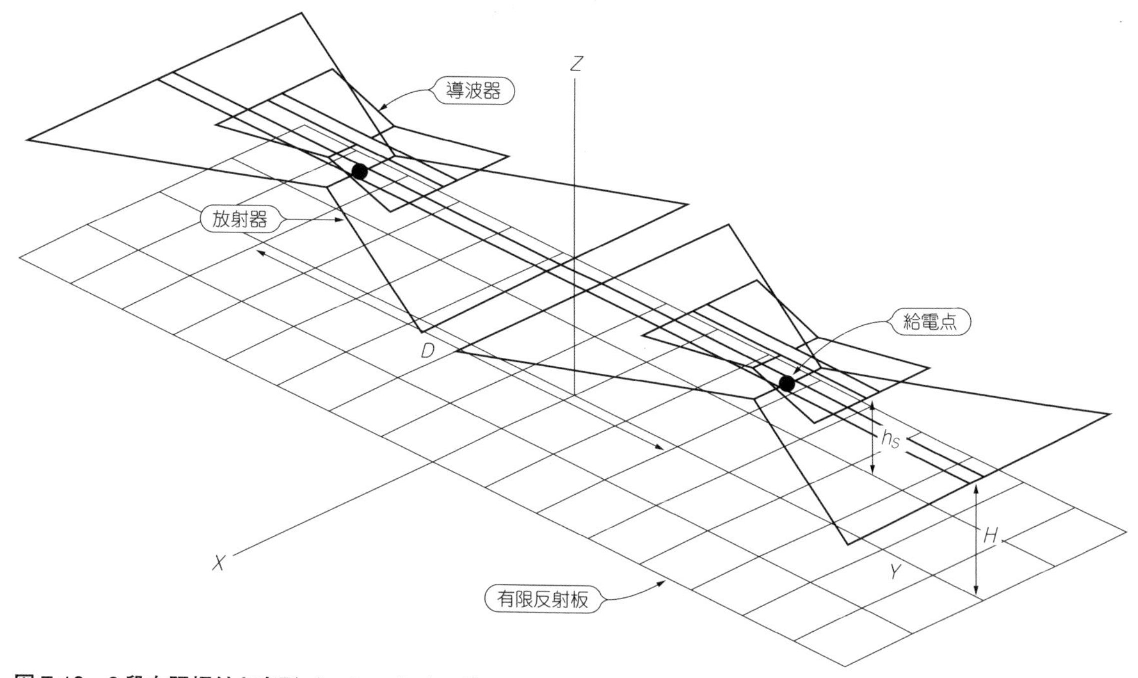

図 7-10　2 段有限板付き変形バット・ウイング・アンテナの構造

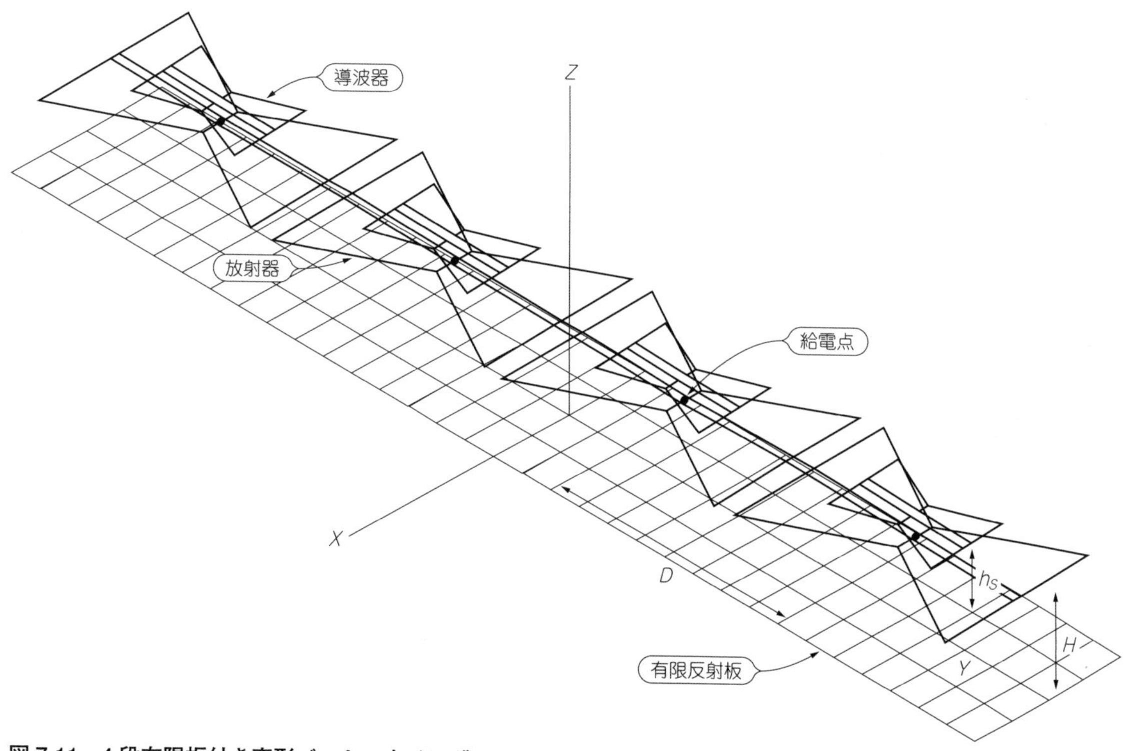

図 7-11　4 段有限板付き変形バット・ウイング・アンテナの構造

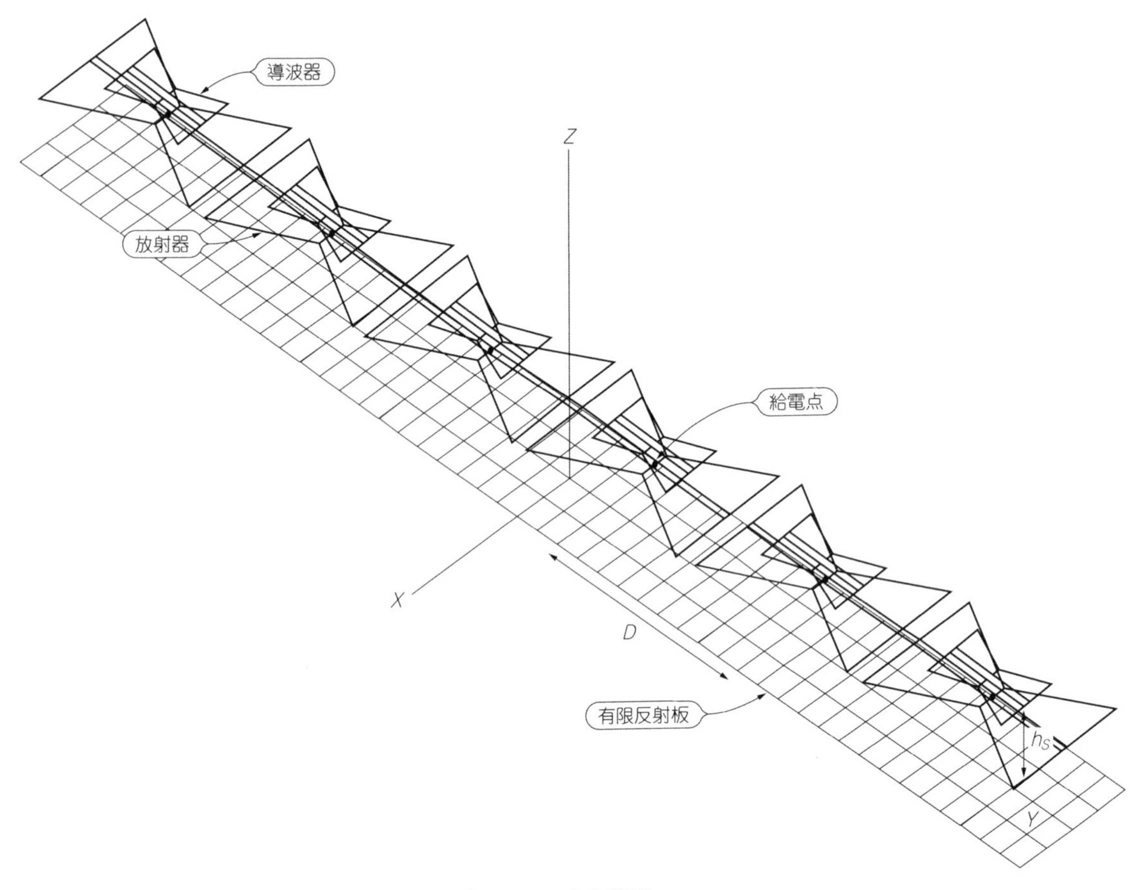

図 7-12　6段有限板付き変形バット・ウイング・アンテナの構造

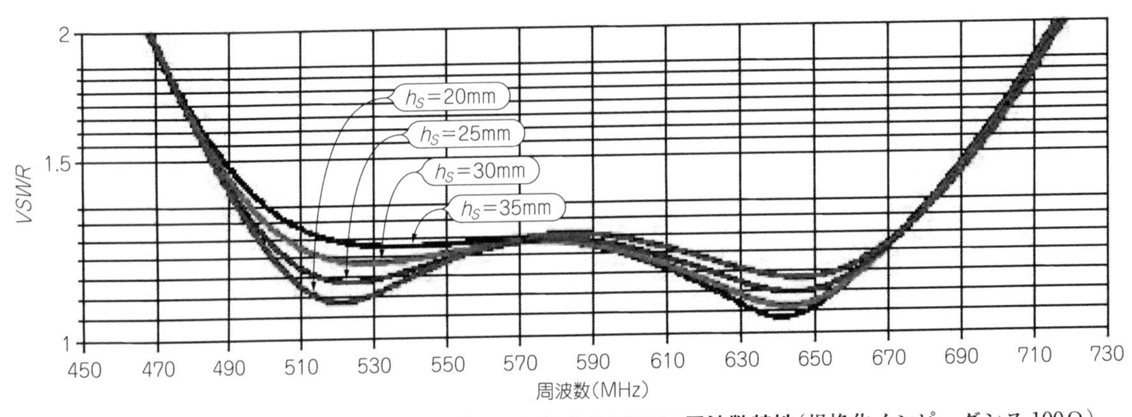

図 7-13　2段有限板付き変形バット・ウイング・アンテナの *VSWR* 周波数特性(規格化インピーダンス 100Ω)

に約 61.1%(2段)，62.1%(4段)，62.5%(6段)となりました．単体の場合より，2素子，4素子，6素子の場合のほうが，主放射アンテナ素子と副放射アンテナ素子間隔を調整することにより，広帯域にわたって良好な特性が得られました．

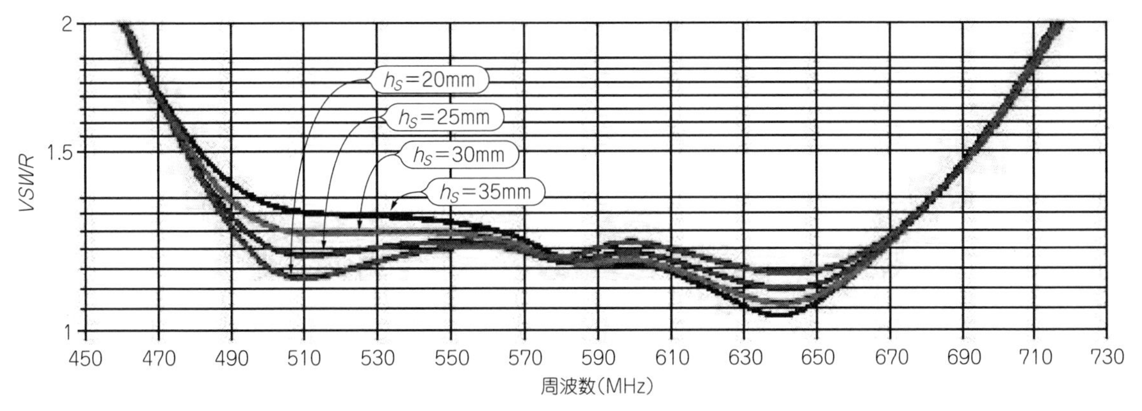

図7-14　4段有限板付き変形バット・ウイング・アンテナの *VSWR* 周波数特性(規格化インピーダンス100Ω)

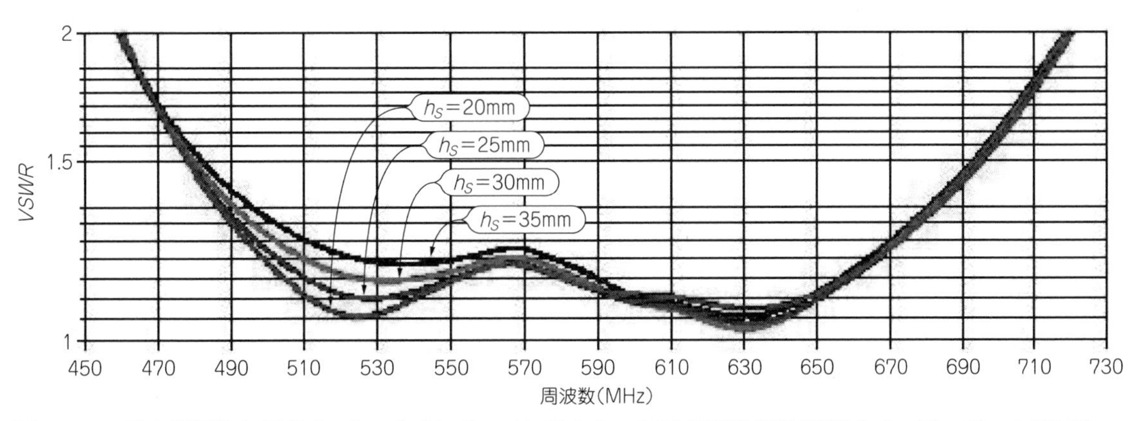

図7-15　6段有限板付き変形バット・ウイング・アンテナの *VSWR* 周波数特性(規格化インピーダンス100Ω)

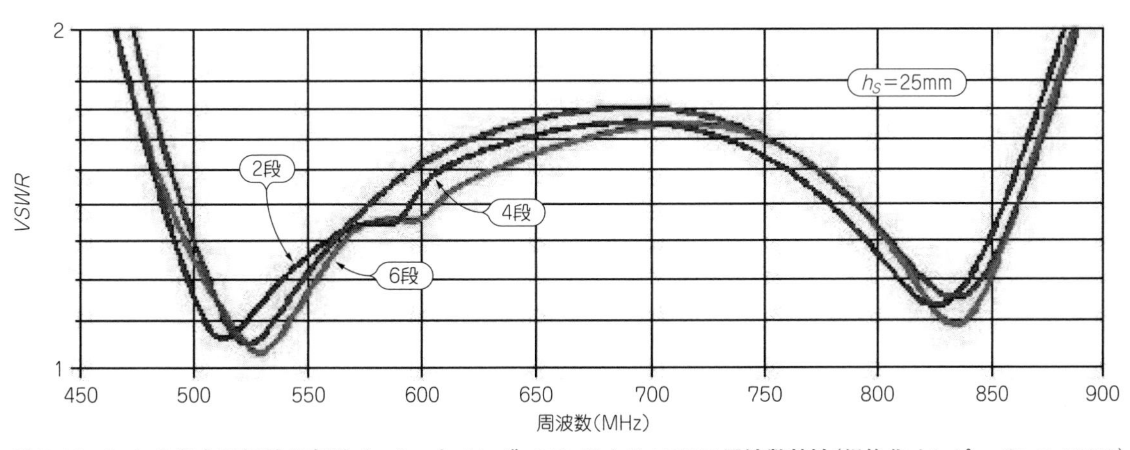

図7-16　2, 4, 6段有限板付き変形バット・ウイング・アンテナの *VSWR* 周波数特性(規格化インピーダンス100Ω)

7-6 指向性および利得

垂直面(Y-Z 面)の E_ϕ 成分，および水平面(X-Z 面)の E_θ 成分放射パターンを，**図 7-17**，**図 7-18**，**図 7-19** に示します．ここでは，470MHz，590MHz，710MHz とし，最大利得を得た 710MHz の利得で，各周波数の放射パターンを規格しました．水平面と垂直面で周波数に対する変化があり，ビーム半値角は周波数が高くなるほど鋭くなります．また，サイドローブは，全周波数で約－13dB 以下になりました．サイドローブは素子間隔 D で変化するので，ここでは利得との関係上，中心周波数で 380mm($0.633\lambda_0$)に固定しました．インピーダンス特性より得られた最適値である LW_1 = 105mm($0.175\lambda_0$)，LW_2 = 25mm

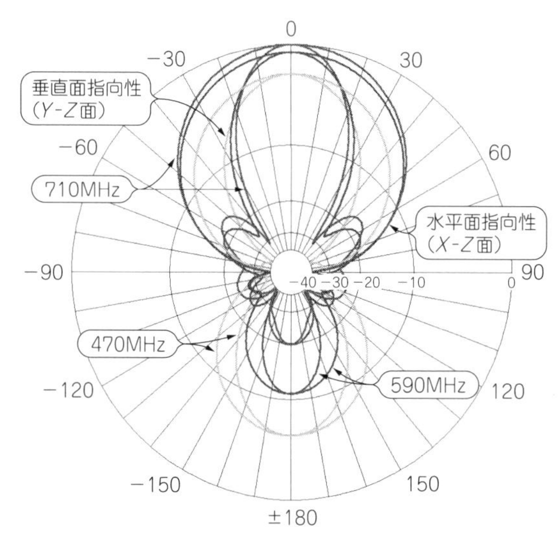

図 7-17　2 段有限板付き変形バット・ウイング・アンテナの指向特性

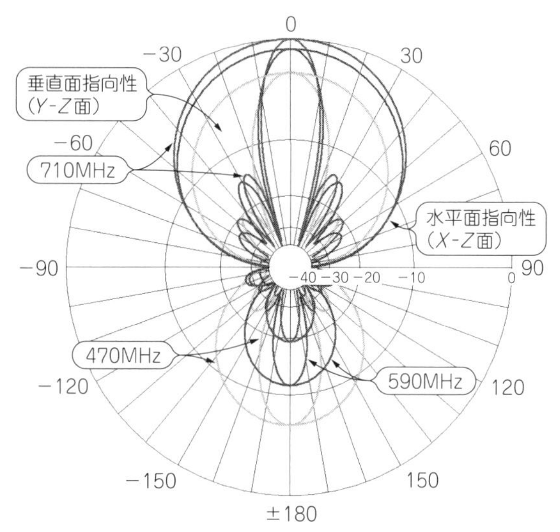

図 7-18　4 段有限板付き変形バット・ウイング・アンテナの指向性

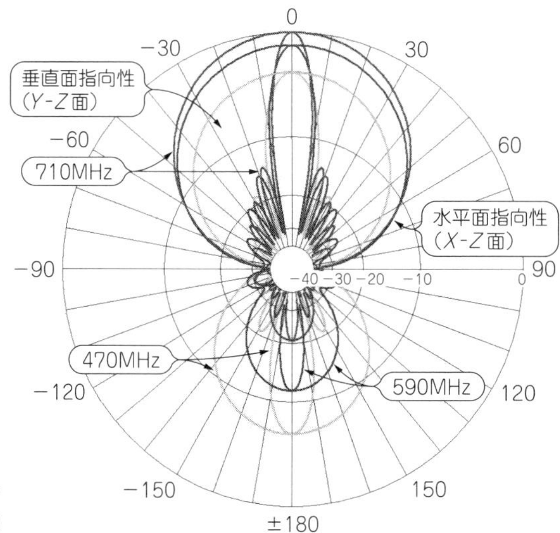

図 7-19
6 段有限板付き変形バット・ウイング・アンテナの指向性

($0.042\lambda_0$)により，最大指向性利得の中心周波数において，最大指向性利得は11.1dBi, 14.0dBi, 16.3dBiで，前後比は，－17.2dB，－17.0dB，－16.9dBと良好な値が得られました．

7-7　多面合成

2段2面，2段3面，2段4面に配置した場合の構成図を，**図7-20**，**図7-21**，**図7-22**に示します．放

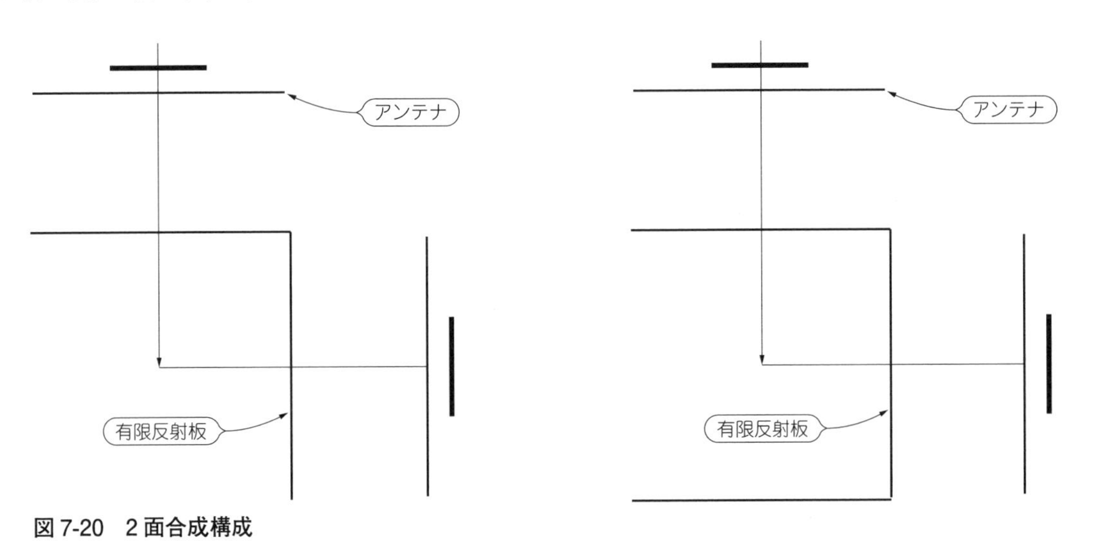

図7-20　2面合成構成

図7-21　3面合成構成

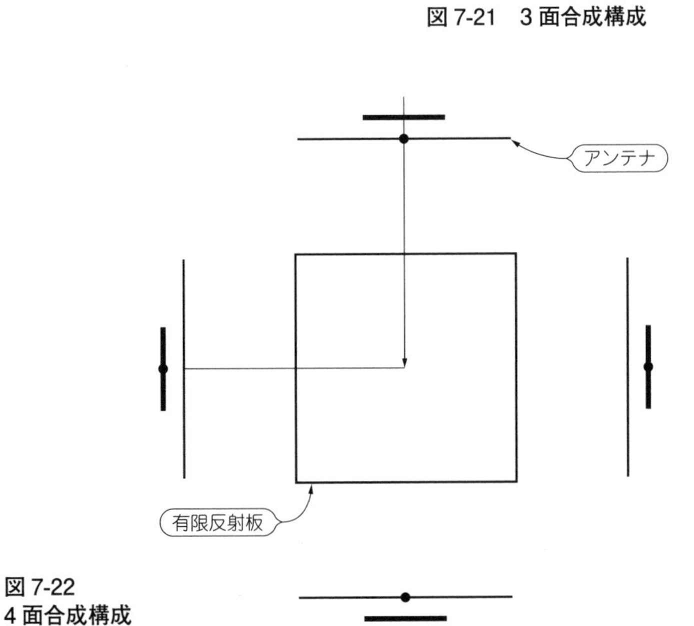

図7-22
4面合成構成

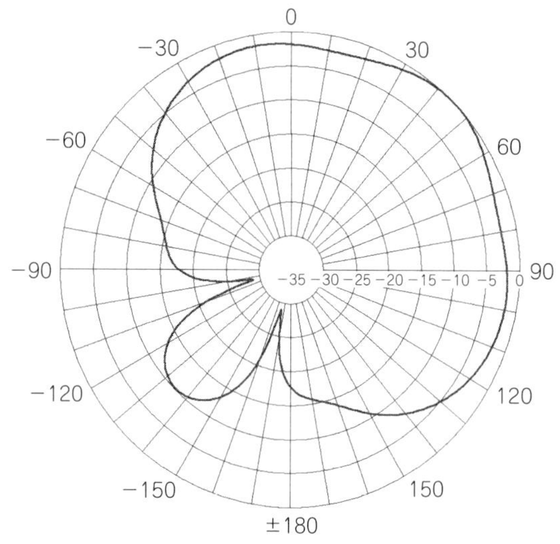

図 7-23　2 面合成における水平面内指向性（f_0 = 590 MHz）

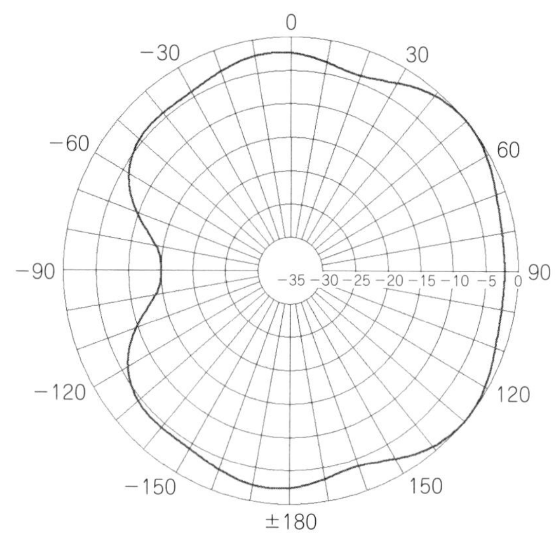

図 7-24　3 面合成における水平面内指向性（f_0 = 590 MHz）

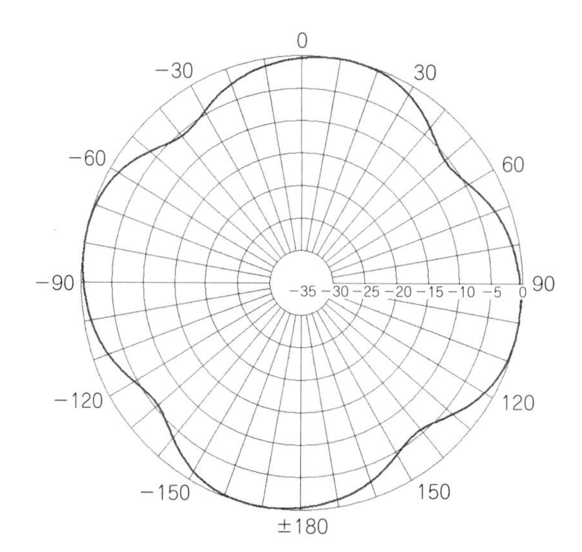

図 7-25
4 面合成における水平面内指向性（f_0 = 590MHz）

射素子と有限反射板の間隔は 135mm（0.225 λ_0），放射素子と導波素子の間隔は 30mm（0.05 λ_0）とした場合，*VSWR* は 1.5 以下となりました.

その場合の 2 面，3 面，4 面の合成指向性を，**図 7-23**，**図 7-24**，**図 7-25** に示します．給電方式は，振幅を 1 として，位相を 2 面の場合は 0°，90°，3 面の場合は 0°，90°，0°，4 面の場合は 0°，90°，0°，90°としました.

多面合成時の水平面偏差は約 4dB 程度です．この偏差は，有限反射板の大きさによって変化します．2 段，4 段，6 段における利得は，約 5dBi，8dBi，10dBi 程度となります.

反射板付き 2 素子，4 素子，6 素子変形バット・ウイング・アンテナにおいて，高利得，広帯域を維持したまま給電方法を簡略化し，さらに入力インピーダンスを 50Ω にすることができました．給電が簡易であるため，インピーダンスの整合のためのリアクタンス調整も容易です.

◆ 参考文献 ◆

■ 第6章

(1) 電波技術協会会報 FORN No.26, pp.2-7, (2008. 5).
(2) 安達三郎，伊藤文夫，虫明康人：“指向性ループ・アンテナ，” 東北大学電通談話会記録，25 (March 1957).
(3) 関口利男，末武国弘，有村国孝：“進行波励振によるループ空中線，” 電気通信学会全国大会，140, pp.182, (Nov. 1961).
(4) 関口利男，有村国孝：“組合せら旋およびループ・アンテナの特性，” 電気通信学会全国大会，153, pp.247, (Nov. 1962).
(5) 関口利男，有村国孝：“組合せループおよび折返し素子による空中線系の特性，” 電気通信学会関西連大会，S12-5, pp.389, (Nov. 1962).
(6) 関口利男，有村国孝：“組合せループおよび折返し素子による空中線系の特性，” 電気通信学会アンテナ研究会資料 , (Nov. 1962).
(7) 関口利男，有村国孝：“定在波励振による1波長ループ空中線とその組合わせ空中線，” テレビジョン学会誌，第17巻第5号，pp.7-15, (昭和38年5月).
(8) Saburo Adachi and Yasuto Mushiake：“Directive Loop Antennas,” SCI. REP. RITU, B-(Elect. Comm.) 9, 2 , pp.105-112 (Sept. 1957).
(9) Hidetsugu Yagi and Shintaro Uda：“Projector of the sharpest beam of electric waves,” Proc. Imperial Academy, 2, 2, (Feb. 1926).
(10) Shintaro Uda and Yasuto Mushiake, ed.：“YAGI-UDA ANTENNA” , Maruzen Co., Ltd.Tokyo (1954).
(11) 永井淳：“八木・宇田アンテナの最大利得，” テレビ学誌，24，10，pp.816~819 (Oct. 1970).
(12) 小代康，平沢一紘，森下久：“一点開放ループを給電素子とした円偏波八木・宇田アレイアンテナ，” 映情学誌 51，1，pp.121~128 (Jan. 1997).
(13) 川上春夫，羽賀俊行，有城正彦：“地上デジタル放送用広帯域リング・ループ・アンテナ，” 映情学技報 BCT2005-126, (平成17年10月).
(14) 川上春夫：“地上デジタル放送用広帯域リング・ループ・アンテナの開発現状，” 放送技術，vol.62, no.2，pp.107-111, (平成21年2月).
(15) 地上デジタル放送用リング・ループ・アンテナ装置　特許登録　第4237683号　平成21年3月11日登録．平成21年3月11日発行．
(16) Haruo Kawakami, ed.:“Characteristics of High Gain Wideband Ring Loop Antennas and its Application”, Microwave and Millimeter Wave Technologies Modern UWB Antennas and Equipment Chap.8 pp.145-168, In-Tech (March 2010).
(17) 川上春夫：“ICTにおけるアンテナ設計の指南書”，科学技術出版(平成25年9月).
(18) 安達三郎，虫明康人，笠原猛，斉藤五一：“ループ指向性アンテナの諸特性とその広帯域化”電気通信学会誌，第48巻第4号，pp.720-724, (昭和48年4月).

■第７章

(1) 中原俊二：“ミニサテとギャップ・フィラの技術”映像情報メディア学会誌，64，5，pp.672-676，(2010)．
(2) Haruo Kawakami, ed.: Wiley Encyclopedia of Telecommunications, vol.5, p.2517~2536, Wiley & Sons (Feb. 2003).
(3) 川上春夫，飯塚泰，小木曽賢，佐藤源貞，住広尚三：“地上ディジタル放送用アンテナ(1)”，1998年電子情報通信学会ソサイテイ大会(平成10年10月)．
(4) 小代康，飯塚泰，小木曽賢，川上春夫，佐藤源貞，住広尚三：“地上ディジタル放送用アンテナ(2)”，電子情報通信学会無線システム研究会(平成10年11月)．
(5) Yasushi Ojiro, Yasushi Iitsuka, Satoshi Kogiso, Haruo Kawakami and Gentei Sato: “Characteristics of Digital Terrestrial Broadcasting Antennas” ,1999 International Symposium, IEEE AP-S, pp.1570 ~ 1573, Orlando, Florida (July 1999).
(6) 小代康，川上春夫：“地上ディジタル放送用アンテナ(3)”，電子情報通信学会アンテナ伝播研究会(平成11年12月)．
(7) Yasushi Ojiro and Haruo Kawakami: “Characteristics of Digital Terrestrial Broadcasting Antennas (2) -Unbalance fed modified batwing antenna-”, 2000 International Symposium, IEEE AP-S, pp.648 ~ 651, Salt Lake City, Utah (July 2000).
(8) 川上春夫：“導波器，反射板付２素子変形バット・ウイング・アンテナ”，電子情報通信学会総合大会(平成20年3月)．
(9) Haruo Kawakami：“2 and 4-Element Modified Batwing Antennas with Reflector and Director for Digital Terrestrial Broadcasting Antennas”, 2009 International Symposium, IEEE AP-S, 523.1 pp.1~4, Charleston (June 2009).
(10) 川上春夫：“導波器および有限反射板付変形バット・ウイング・アンテナの諸特性”，電子情報通信学会総合大会(平成22年3月)．
(11) Haruo Kawakami：“2,4 and 6-Element Modified Batwing Antennas for Digital Terrestrial Broadcasting Antennas”, EuCAP’ 2010 The 4th European Conference on Antennas and Propagation Tue-30, Barselona (April 2010).
(12) Haruo Kawakami：“A Review of and New Results for Broadband Antennas for Digital Terrestrial Broadcasting: The Modified Batwing Antenna”, IEEE Antennas & Propagation Magazine, vol.52, no.6, pp.78-88 (Dec. 2010).

索　引

|著|者|略|歴|

― 第1～5章 ―

鈴木 憲次 (すずき けんじ)

1946年　名古屋市に生まれる

おもな著書：トラ技ORIGINAL No.2 ディジタルIC回路の誕生，1990年3月，CQ出版社
高周波回路の設計・製作，1992年10月，CQ出版社
ラジオ&ワイヤレス回路の設計・製作，1999年10月，CQ出版社
トランジスタ技術SPECIAL No.84「基礎から学ぶロボットの実際」，2003年10月，CQ出版社
無線機の設計と製作入門，2006年9月，CQ出版社
エアバンド受信機の実験，2008年9月，CQ出版社
地デジTV用プリアンプの実験，2009年5月，CQ出版社(共著)
気象衛星NOAAレシーバの製作，2011年9月，CQ出版社
新版　電気・電子実習3，2010年6月，実教出版(共著)
ワンセグUSBドングルで作るオールバンド・ソフトウェア・ラジオ，2013年9月，CQ出版社
電子回路概論，2015年9月，実教出版(監修)

― 第6～7章 ―

川上 春夫 (かわかみ はるお) 工学博士

1939年1月　岡山県生まれ
1962年3月　明治大学工学部電気工学科卒業
1962年4月　八木アンテナ株式会社研究所入社
1964年6月　上智大学理工学部助手
1985年4月　上智大学理工学部講師
1992年3月　上智大学理工学部助教授
1992年4月　アンテナ技研株式会社取締役
1998年4月　宇都宮大学客員教授
1999年4月　芝浦工業大学客員教授
2004年4月　東京電機大学非常勤講師
2012年7月　アンテナ技研株式会社取締役退任

研究活動：アンテナ，移動体通信，EMC，ITS位置情報などの研究・開発に従事
著　　書：新電気回路基本演習(共著)，工学図書，(1990)
新交流回路基本演習(共著)，工学図書，(1992)
アンテナ理論とその応用(共著)，ミマツデータシステム，(1991)
ワイヤレス通信を支えるアンテナと周辺技術(共著)，ミマツコーポレーション，(2003)
現代アンテナ工学(共著)，総合電子出版社，(2004)
ICTにおけるアンテナ設計の指南書(著)，科学情報出版社，(2013)
IoTシステムの極小アンテナ設計技術(共著)，科学情報出版社，(2015)
その他多数
学会活動：電子情報通信学会シニア会員，映像情報メディア学会会員，IEEE Life Senior Member

謝　辞

第6章の記事執筆に関してご協力いただきました㈱NHKアイテック，㈱加藤電気工業所，並びにアンテナ技研㈱各位に深謝します．最後に，本書が関係各位のご参考になれば幸いです．

小型・高感度受信！ オールバンド室内アンテナの製作

2016年4月1日　初版発行
2021年4月1日　第2版発行

著　者　鈴木憲次，川上春夫
発行人　小　澤　拓　治
発行所　CQ出版株式会社
〒170-8461　東京都文京区千石4-29-14
電話　編集　03-5395-2124
　　　販売　03-5395-2141

乱丁・落丁本はお取り替えします
定価はカバーに表示してあります

ISBN978-4-7898-4577-9

編集担当者　今 一義
DTP　西澤 賢一郎
印刷・製本　三晃印刷株式会社
表紙撮影　田中 仁司 / カバー・表紙デザイン　千村 勝紀
Printed in Japan